멘사 수학 퍼즐 디스커버리

Mensa Mind Obstacle Course

by Dave Chatten and Caroline Skitt

IQ 148을 위한

멘사 수학 퍼즐 디스커버리
Mensa Mind Obstacle Course

데이브 채턴 · 캐롤린 스키트 지음
권태은 옮김

보누스

수학 원리에 상상력을 더하다

성적이나 시험과 상관없이 퍼즐을 풀며 오직 그 자체로 지적 유희를 만끽하는 이들이 있다. 바로 IQ 148 이상인 사람들이 모인다는 멘사다. 퍼즐을 통해 다양한 해법을 도출하고 두뇌의 한계를 시험하는 멘사 회원들은 사회 활동을 펼치기도 하고 퍼즐을 직접 만들어 공유하기도 한다.

이 책의 저자인 데이브 채턴과 캐롤린 스키트는 영국 멘사 회원이자 퍼즐 작가로서 다수의 퍼즐 책을 집필했다. 《멘사 수학 퍼즐 디스커버리》는 특히 수리·도형·논리·대수·집합 등 다양한 수학 원리에 기반을 두고 상상력을 더해 만든 새로운 문제들로 가득하다. 때로 머리가 지끈거리고 아프다가도 해답을 찾아낼 때의 쾌감은 PC 게임이나 운동과는 비교할 수 없다. 수리 문제뿐만 아니라 제한된 시간 이내에 풀어야 하는 기억력 퍼즐은 팽팽한 긴장감 속에서 집중력을 높여줄 것이다. 자, 이제 심호흡을 하고 멘사 퍼즐에 도전하라. 몰입해서 문제를 풀다 보면 눈 깜짝할 사이 마지막 장에 다다를 것이다. 하지만 긴장의 끈을 놓는 순간 미로에 빠진 듯 하루 종일 같은 문제를 붙들고 있는 자신을 발견하게 될 테니 주의하기를.

내 안에 잠든 천재성을 깨워라

영국에서 시작된 멘사는 1946년 롤랜드 베릴(Roland Berill)과 랜스 웨어 박사(Dr. Lance Ware)가 창립하였다. 멘사를 만들 당시에는 '머리 좋은 사람들'을 모아서 윤리·사회·교육 문제에 대한 깊이 있는 토의를 진행시켜 국가에 조언할 수 있는, 현재의 헤리티지 재단이나 국가 전략 연구소 같은 '싱크 탱크'(Think Tank)로 발전시킬 계획을 가지고 있었다. 하지만 회원들의 관심사나 성격들이 너무나 다양하여 그런 무겁고 심각한 주제에 집중할 수 없었다.

그로부터 30년이 흘러 멘사는 규모가 커지고 발전하였지만, 멘사 전체를 아우를 수 있는 공통의 관심사는 오히려 퍼즐을 만들고 푸는 일이었다. 1976년 《리더스 다이제스트》라는 잡지가 멘사라는 흥미로운 집단을 발견하고 이들로부터 퍼즐을 제공받아 몇 개월간 연재하였다. 퍼즐 연재는 그 당시까지 2, 3천 명에 불과하던 멘사의 전 세계 회원수를 11만 명 규모로 증폭시킨 계기가 되었다. 비밀에 싸여 있던 신비한 모임이 퍼즐을 좋아하는 사람이라면 누구나 참여할 수 있는 대중적인 집단으로 탈바꿈한 것이다. 물론 퍼즐을 즐기는 것 외에 IQ 상위 2%라는 일정한 기준을 넘어야 멘사 입회가 허락되지만 말이다.

어떤 사람들은 "머리 좋다는 친구들이 기껏 퍼즐이나 풀며 놀고 있다"라고 빈정대기도 하지만, 퍼즐은 순수한 지적 유희로서 충분한 가치가 있다. 퍼즐은 숫자와 기호가 가진 논리적인 연관성을 찾아내는 일종의 암호풀기 놀이다. 겉으로는 별로 상관없어 보이는 것들의 연관 관계와, 그 속에 감추어진 의미를 찾아내는 지적인 보물찾기 놀이가 바로 퍼즐이다. 퍼즐은 아이들에게는 수리와 논리 훈련이 될 수 있고 청소년과 성인에게는 유쾌한 여가활동, 노년층에게는 치매를 방지하는 지적인 건강지킴이 역할을 할 것이다.

시중에는 이런 저런 멘사 퍼즐 책이 많이 나와 있다. 이런 책들의 용도는 스스로 자신에게 멘사다운 특성이 있는지 알아보는 데 있다. 우선 책을 재미로 접근하기 바란다. 멘사 퍼즐은 아주 어렵거나 심각한 문제들이 아니다. 이런 퍼즐을 풀지 못한다고 해서 학습 능력이 떨어진다거나 무능한 것은 더더욱 아니다. 이 책에 재미를 느낀다면 지금까지 자신 안에 잠재된 능력을 눈치 채지 못했을 뿐, 계발하기에 따라 달라지는 무한한 잠재 능력이 숨어 있는 사람일지도 모른다.

아무쪼록 여러분이 이 책을 즐길 수 있으면 좋겠다. 또 숨겨져 있던 자신의 능력을 발견하는 계기가 된다면 더더욱 좋겠다.

멘사코리아 전(前) 회장
지형범

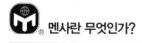 **멘사란 무엇인가?**

멘사란 '탁자'를 뜻하는 라틴어로, 지능지수 상위 2% 이내(IQ 148 이상)의 사람만 가입할 수 있는 천재들의 모임이다. 1946년 영국에서 창설되어 현재 100개국 이상에 11만여 명의 회원이 있다. 멘사코리아는 1998년에 문을 열었다. 멘사의 목적은 다음과 같다.

- 첫째, 인류의 이익을 위해 인간의 지능을 탐구하고 배양한다.
- 둘째, 지능의 본질과 특징, 활용처 연구에 힘쓴다.
- 셋째, 회원들에게 지적·사회적으로 자극이 될 만한 환경을 마련한다.

IQ 점수가 전체 인구의 상위 2%에 해당하는 사람은 누구든 멘사 회원이 될 수 있다. 우리가 찾고 있는 '50명 가운데 한 명'이 혹시 당신은 아닌지?

멘사 회원이 되면 다음과 같은 혜택을 누릴 수 있다.

- 국내외의 네트워크 활동과 친목 활동
- 예술에서 동물학에 이르는 각종 취미 모임
- 매달 발행되는 회원용 잡지와 해당 지역의 소식지
- 게임 경시대회, 친목 도모 등을 위한 지역 모임
- 주말마다 열리는 국내외 모임과 회의
- 지적 자극에 도움이 되는 각종 강의와 세미나
- 여행객을 위한 세계적인 네트워크인 'SIGHT' 이용 가능

멘사에 대한 좀 더 자세한 정보는 멘사코리아의 홈페이지를 참고하기 바란다.

- 홈페이지 : www.mensakorea.org

일러두기

1. 퍼즐마다 하단의 쪽 번호 옆에 해결, 미해결을 표시할 수 있는 칸이 있습니다. 해결한 퍼즐의 개수
가 늘어날수록 여러분이 느끼는 지적 쾌감도 커질 테니, 잊지 말고 체크하시기 바랍니다.
2. 문제 해결 방법에는 이 책에 실린 풀이법 이외에도 다양한 풀이 과정이 있을 수 있습니다. 창의력
을 발휘해 다른 방법으로도 풀어보시기 바랍니다.

수학 원리를 응용한 문제를 풀며 수리력과 문제해결력을 연마하라.
언제나 해답은 문제 속에 숨어 있다.

아이들 6명이 트럼프 카드 10장을 가지고 새로운 규칙을 만들어 카드놀이를 했다. 에이스를 1점으로 해서 카드에 새겨진 숫자대로 점수를 매기고 다이아몬드는 숫자의 2배에 해당하는 점수를 주기로 했다. 만약 동일한 회전에서 같은 숫자의 카드를 가진 사람이 2명 이상이면 해당 점수(다이아몬드의 2배점 포함)는 차감하기로 했다. 아이들이 나눠 가진 카드는 아래와 같다. 이때 참가자 2의 1회전부터 3회전까지 점수 합계는 10+1−7=4이다. 그리고 참가자 5는 6회전에서 다이아몬드를 획득해 해당 회전의 점수는 −(4×2)=-8이다. 규칙에 따라 참가자별로 카드 점수를 계산하고 다음 물음에 답해보라.

참가자	1회전		2회전		3회전		4회전		5회전		6회전	
1	6	♠	3	♠	에이스	♦	9	♣	10	♥	4	♠
2	10	♣	에이스	♠	7	♥	6	♦	5	♠	8	♣
3	7	♦	8	♥	4	♣	3	♥	에이스	♣	5	♣
4	4	♥	9	♦	7	♠	5	♦	10	♣	3	♦
5	8	♠	5	♥	6	♠	9	♠	2	♠	4	♦
6	3	♣	2	♣	9	♥	7	♣	10	♦	8	♦

① 1회전부터 6회전까지 점수 합계를 기준으로 3등은 누구일까?

② 1회전부터 6회전까지 점수 합계를 기준으로 1등은 누구일까?

③ 1회전부터 6회전까지 점수 합계를 기준으로 꼴찌는 누구일까?

④ 1회전부터 4회전까지 카드 점수의 합이 가장 높은 사람은 누구일까?

⑤ 1회전부터 6회전까지 점수 합계를 기준으로 점수가 짝수인 사람은 누구일까?

⑥ 1회전부터 6회전까지 점수 합계를 기준으로 3의 배수에 해당하는 점수를 얻은 사람은 누구일까?

⑦ 1회전부터 6회전까지 점수 합계를 기준으로 두 번째로 높은 점수는 몇 점일까?

⑧ 모든 참가자의 최종 점수를 더하면 몇 점일까?

답: 170쪽

농부는 목장에서 가축 네 종류를 키우는데 이를 합하면 모두 560마리이다. 이 중에서 양이 10마리 줄어들면 소의 2배가 되고 소가 10마리 줄어들면 돼지의 3배가 된다고 한다. 농부가 키우는 돼지는 말보다 2.5배 많다.

① 돼지는 몇 마리일까?

② 말은 몇 마리일까?

③ 소의 75퍼센트를 소 1마리당 양 7마리와 교환하면 가축은 모두 몇 마리가 될까?

④ 소와 양을 위와 같이 교환하면 양은 몇 마리가 될까?

답: 170쪽

아래 표에서 각 기호가 의미하는 숫자를 행 또는 열마다 더한 값은 각 행의 맨 오른쪽과 각 열의 맨 아래에 적힌 수와 같다. 물음표를 제외한 기호들은 1부터 7까지의 숫자로 바꿀 수 있다. 각 기호가 의미하는 숫자는 무엇일까? 단, 하얀색 동그라미 기호는 두 가지 숫자로 바꿀 수 있다.

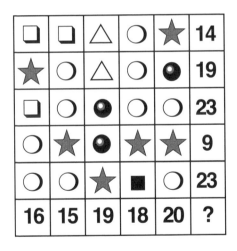

답: 170쪽

아래 수열에서 물음표에 들어갈 숫자는 무엇일까?

①   7   9   16   25   41   ?

②   4   14   34   74   ?

③   2   3   5   5   9   7   14   ?   ?

④   6   9   15   27   ?

⑤   11   7   −1   −17   ?

⑥   8   15   26   43   ?

⑦   3.5   4   7   14   49   ?

답: 171~172쪽

다음 각각의 표는 각 행 또는 열을 이루는 숫자 사이에 특정한 규칙이 있다. 규칙을 찾아 물음표에 들어갈 숫자를 구하라.

A	B	C	D	E
7	5	3	4	8
9	8	8	8	8
6	4	9	3	5
8	3	6	?	9

답: 172쪽

PUZZLE 006

A	B	C	D	E
7	8	7	9	7
5	5	8	5	9
6	3	7	3	9
4	4	8	6	?

PUZZLE 007

A	B	C	D	E
3	5	4	6	3
4	8	5	9	7
6	1	5	4	6
2	2	?	1	4

답: 172쪽

다음 각각의 시계 수식에 숨은 규칙을 찾아 물음표에 들어갈 숫자를
구하라.

PUZZLE 008

PUZZLE 009

답: 173쪽

PUZZLE 010

+ =7   + =9

+ =?

PUZZLE 011

+ =27   − =6

× =?

답: 173~174쪽

표1의 숫자가 문제마다 특정한 규칙에 따라 시계 방향으로 회전하면 표2로 바뀐다. 이때 4개의 빈칸에 들어갈 숫자는 무엇일까?

PUZZLE 012

1

2	6	7
11		1
10	3	5

2

?	10	?
7		2
?	11	?

답: 174쪽

1

22	15	34
12		14
23	21	19

2

14	?	12
?		?
19	?	23

1

3	5	8
1		6
17	7	9

2

?	1	?
5		8
?	7	?

답: 174〜175쪽

각각의 그림에 있는 숫자들은 행마다 같은 규칙이 적용된다. 이때 물음표에 들어갈 숫자는 무엇일까?

7534	41	3
9624	72	5
5816	42	?

답: 175쪽

3569	2307	104
7678	5426	380
9925	4185	?

6225	1210	20
7946	6324	188
3483	1224	?

답: 175~176쪽

숫자표를 서로 면적이 같은 네 조각으로 나눠서 각 조각에 포함된 숫자의 합이 제시된 조건을 만족하게 하라.

PUZZLE 018 합이 120이 되는 조각 만들기

8	7	6	8	7	12	9	1
7	12	7	6	4	3	2	14
8	9	7	8	5	7	11	1
8	8	10	7	6	16	10	1
4	9	13	4	12	2	15	6
8	5	2	2	4	9	8	15
6	9	8	14	14	8	2	1
9	6	10	5	12	1	5	17

답: 177쪽

PUZZLE 019 합이 134가 되는 조각 만들기

5	7	8	15	4	7	5	6
11	6	9	8	16	12	10	10
7	12	10	12	3	11	6	8
6	7	2	5	7	7	15	10
12	15	10	8	5	12	8	7
6	7	11	13	9	6	9	6
9	8	10	6	8	8	1	2
3	6	4	10	10	10	15	15

답: 177쪽

문제마다 그림 A와 그림 B의 값을 참고해 그림 C의 값을 구하라.

그림에서 모눈 16개의 칸은 1부터 16까지의 값을 일정한 순서대로 갖는다. 이를 토대로 그림에 놓인 동그라미의 값을 파악하라.

PUZZLE 020

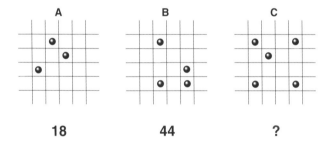

A	B	C
18	44	?

답: 178쪽

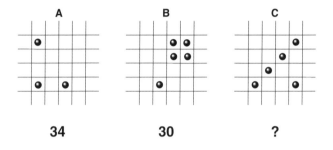

이 문제에서 동그라미의 값은 모눈 값의 2배이다. 삼각형의 값은 모눈 값 그대로이다.

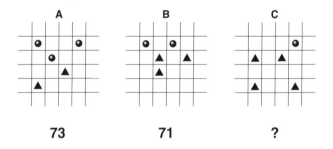

답: 178쪽

문제마다 제시된 왼쪽 그림을 참고해 오른쪽 그림의 물음표에 들어
갈 숫자를 구하라. 맨 위 원에 적힌 숫자는 선으로 연결된 다른 숫자
들 사이에 사칙연산 기호를 넣어 계산한 값과 같다.

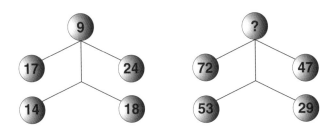

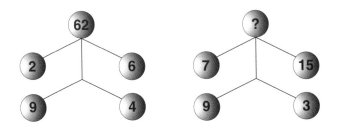

답: 178~179쪽

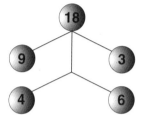

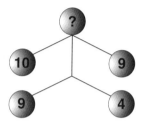

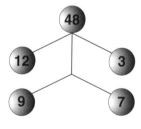

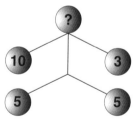

답: 179쪽

PUZZLE **027**

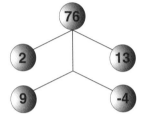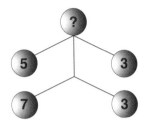

PUZZLE **028**

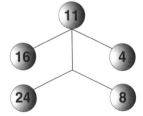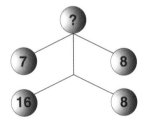

답: 179쪽

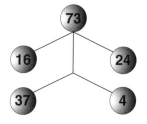 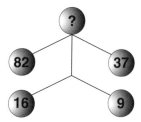

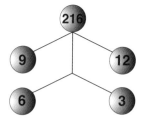 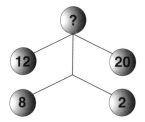

답: 180쪽

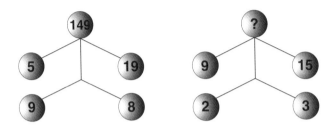

힌트   어떤 수 하나는 제곱해서 계산해야 한다.

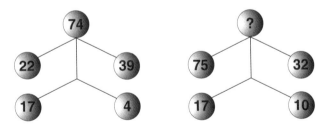

아래 그림에서 문제의 조건에 맞는 경로를 찾아라. 단, 모든 경로는 맨 위의 숫자 17에서 출발하여 맨 아래의 숫자 20에서 끝나야 하며 숫자를 건너뛸 수 없다.

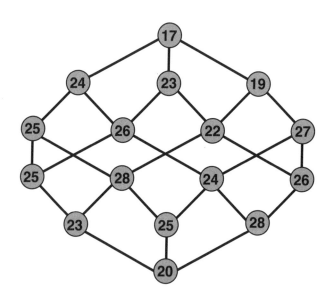

① 지나온 숫자의 합이 130이 되는 경로는 무엇일까?

② 지나온 숫자의 합이 131이 되는 두 개의 경로는 무엇일까?

③ 지나온 숫자의 합이 가장 큰 경로는 무엇이며 그 값은 얼마일까?

④ 지나온 숫자의 합이 가장 작은 경로는 무엇이며 그 값은 얼마일까?

⑤ 지나온 숫자의 합이 136이 되는 경로는 몇 개이며 무엇일까?

답: 181쪽

···

아래 그림에서 문제의 조건에 맞는 경로를 찾아라. 모든 경로는 맨 위의 숫자 35에서 출발하여 맨 아래의 숫자 10에서 끝나야 하며 숫자를 건너뛸 수 없다.

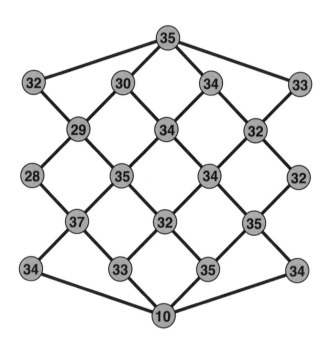

① 지나온 숫자의 합이 216이 되는 경로는 무엇일까?

② 지나온 숫자의 합이 204가 되는 두 개의 경로는 무엇일까?

③ 지나온 숫자의 합이 가장 큰 경로는 무엇이며 그 값은 얼마일까?

④ 지나온 숫자의 합이 가장 작은 경로는 무엇이며 그 값은 얼마일까?

⑤ 지나온 숫자의 합이 211이 되는 경로는 몇 개이며 무엇일까?

답: 181쪽

다음 그림에서 물음표에 들어갈 숫자는 무엇일까? 공이 나타내는 값
은 문제마다 색깔별로 다르다.

PUZZLE 035

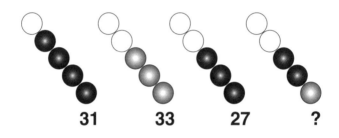

PUZZLE 036

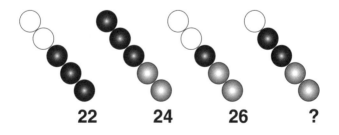

답: 182쪽

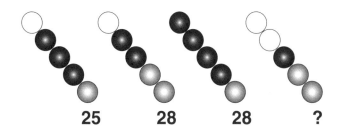

25　　　28　　　28　　　?

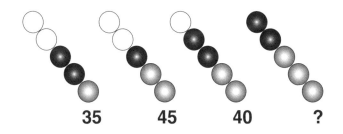

35　　　45　　　40　　　?

답: 182쪽

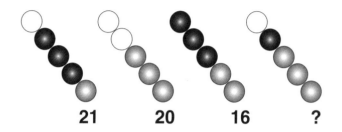

21   20   16   ?

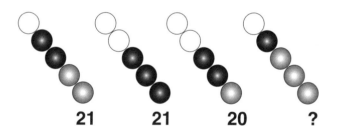

21   21   20   ?

답: 182~183쪽

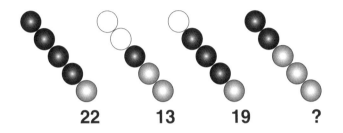

22   13   19   ?

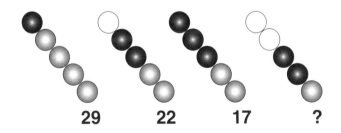

29   22   17   ?

답: 183쪽

PUZZLE **043**

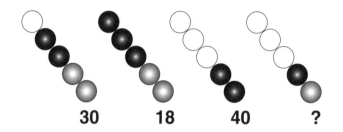

30   18   40   ?

PUZZLE **044**

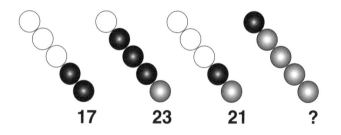

17   23   21   ?

답: 183쪽

아래의 표는 기호의 값과 위치에 따라 표에 들어갈 값이 정해지는 규칙을 갖고 있다. 기호를 둘러싼 자리에는 기호가 나타내는 값과 같은 숫자가 들어가고 그 바깥을 둘러싼 자리에는 기호 값의 2분의 1에 해당하는 숫자가 들어간다. 둘 이상의 기호가 있어서 그 영역이 겹치면 각각의 조건에 해당하는 값을 모두 더한 숫자가 들어간다. 아래의 표를 예로 들어 설명하면 다음과 같다.

	A	B	C	D	E	F
1	2	2	2	2	0	0
2	4	4	4	2	0	0
3	4	□	4	2	0	0
4	4	4	4	2	0	0
5	2	2	2	2	0	0
6	0	0	0	0	0	0

+

	A	B	C	D	E	F
1	0	5	5	5	5	5
2	0	5	10	10	10	5
3	0	5	10	△	10	5
4	0	5	10	10	10	5
5	0	5	5	5	5	5
6	0	0	0	0	0	0

=

	A	B	C	D	E	F
1	2	7	7	7	5	5
2	4	9	14	12	10	5
3	4	□	14	△	10	5
4	4	9	14	12	10	5
5	2	7	7	7	5	5
6	0	0	0	0	0	0

주어진 규칙을 적용하면 □=4, △=10이라는 값을 알아낼 수 있다. 우변의 표에서 C1과 A5, D4의 값은 좌변에 있는 □와 △의 값을 이용해 다음과 같은 계산 방법으로 구한 것이다.

$$C1 = (\triangle \times \frac{1}{2}) + (\square \times \frac{1}{2}) = 7, \quad A5 = \square \times \frac{1}{2} = 2, \quad D4 = \triangle + (\square \times \frac{1}{2}) = 12$$

이 설명을 참고해 45번~46번 문제의 표를 완성하고 질문에 답하라.

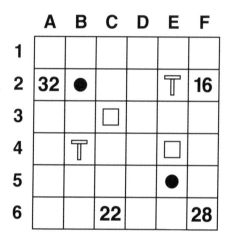

① D1에 들어갈 숫자는 무엇일까?

② A3에 들어갈 숫자는 무엇일까?

③ F3에 들어갈 숫자는 무엇일까?

④ 표의 모든 칸 중에서 가장 큰 숫자가 들어가는 칸은 어디일까?

답: 184쪽

⑤ □의 값은 얼마일까?

⑥ 표에 숫자를 채워 완성했을 때 가장 작은 숫자는 무엇일까?

⑦ ●와 ⊤의 값은 얼마일까?

⑧ 32가 들어가는 칸이 3개 있다. 어디일까?

	A	B	C	D	E	F
1	△					24
2			★	△	△	
3	37		⊗			
4					⊗	
5		⊗				
6				△		20

답: 184쪽

① 각 기호의 값은 얼마일까?

② 표에 숫자를 채워 완성했을 때 가장 큰 숫자는 무엇일까?

③ C4에 들어갈 숫자는 무엇일까?

④ 표의 빈칸에 들어갈 숫자 중에 가장 작은 숫자는 무엇일까?

⑤ E3에 들어갈 숫자는 무엇일까?

⑥ 64가 들어가는 칸은 몇 개일까?

답: 184쪽

그림에서 물음표에 들어갈 숫자는 무엇일까? 문제마다 그림의 숫자 사이에는 특정한 규칙이 있다. 단, 왼쪽 상단의 숫자부터 시계 방향 순으로 계산해야 한다.

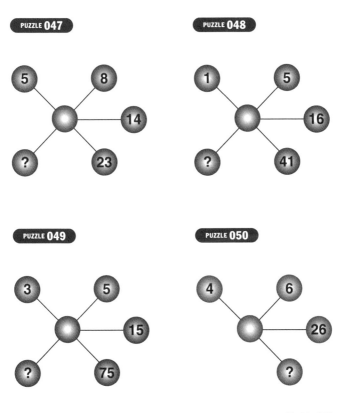

답: 184~185쪽

PUZZLE **051**

7   5

1

?   -7

PUZZLE **052**

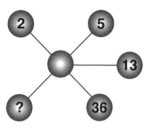

2   5

13

?   36

PUZZLE **053**

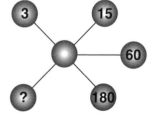

3   15

60

?   180

PUZZLE **054**

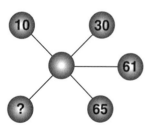

10   30

61

?   65

답: 185~186쪽

PUZZLE **055**

3 2
-1
? -10

PUZZLE **056**

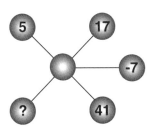

PUZZLE **057**

13 21
32
? 49

PUZZLE **058**

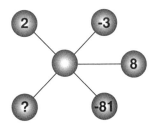

답: 186~187쪽

PUZZLE **059**

2 8
43
? 211

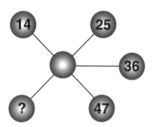

PUZZLE **060**

14 25
36
? 47

PUZZLE **061**

10 13
22
? 49

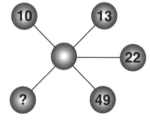

PUZZLE **062**

5 9
15
? 23

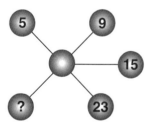

답: 187~188쪽

PUZZLE 063

5   10

26

?   75

PUZZLE 064

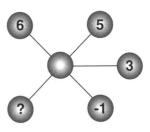

PUZZLE 065

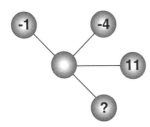

PUZZLE 066

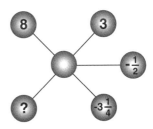

답: 188~189쪽

왼쪽과 오른쪽 나비넥타이 그림은 같은 규칙으로 숫자를 배치했다.
왼쪽 그림을 참고해 오른쪽 그림의 물음표에 들어갈 숫자를 구하라.
나비넥타이 그림에서 물음표 양쪽 도형에 적힌 숫자의 관계를 파악하
면 된다.

PUZZLE 067

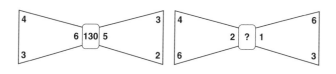

PUZZLE 068

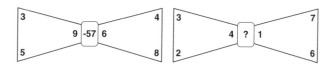

PUZZLE 069

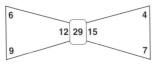
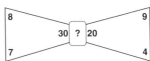

PUZZLE 070

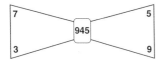
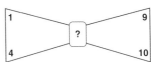

답: 190쪽

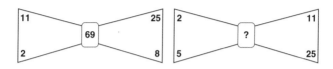

PUZZLE 071

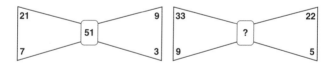

PUZZLE 072

답: 190~191쪽

아래 표에서 숫자 사이의 행 1~7과 열 A~G가 교차하는 지점의 값은 각 지점을 둘러싼 숫자 4개의 합이다. 이를 전제로 다음 질문에 답하라.

	A	B	C	D	E	F	G
	30	19	28	26	25	36	16	29
1							
	24	20	26	23	24	23	24	22
2							
	26	29	27	20	25	29	27	23
3							
	20	23	28	32	29	30	24	22
4							
	30	28	27	22	30	26	27	29
5							
	20	28	23	28	32	29	31	26
6							
	25	27	25	27	30	26	24	19
7							
	26	26	29	23	24	28	24	28

① 교차점의 값이 100인 교차점은 3개이다. 어디일까?

② 값이 92인 교차점은 어디일까?

답: 191쪽

③ 100 미만의 값을 갖는 교차점은 몇 개일까?

④ 교차점의 값 중에 가장 큰 값은 얼마일까?

⑤ 가장 작은 값을 갖는 교차점은 어디일까?

⑥ 값이 115인 교차점은 어디일까?

⑦ 값이 105인 교차점은 어디이며 몇 개일까?

⑧ 값이 111인 교차점은 어디이며 몇 개일까?

답: 191쪽

왼쪽과 오른쪽 집 그림은 같은 규칙으로 숫자를 배치했다. 왼쪽 그림을 참고해 오른쪽 그림의 물음표에 들어갈 숫자를 구하라. 집 그림에서 창문 2개와 대문에 적힌 숫자의 관계를 파악하면 된다.

PUZZLE **074**

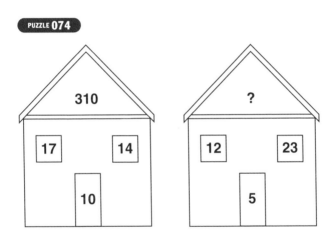

답: 191쪽

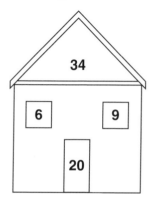

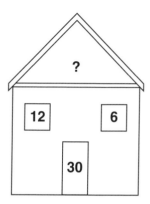

PUZZLE **075**

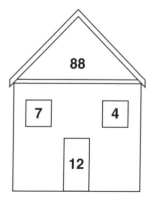

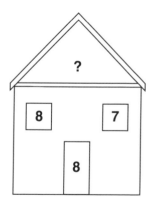

PUZZLE **076**

답: 192쪽

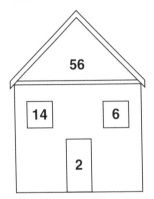

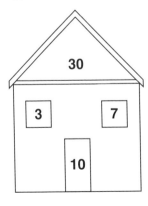
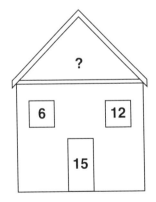

답: 192쪽

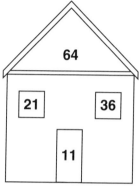

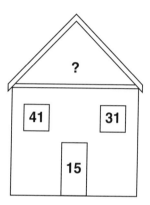

답: 192쪽

다음 조건을 만족하는 숫자를 구하라.

PUZZLE 080 어떤 수의 3분의 2는 $\dfrac{128}{3}$ 의 4분의 3과 같다. 이 숫자는 무엇일까?

PUZZLE 081 어떤 수의 제곱근의 2분의 1은 20의 5분의 1과 같다. 이 숫자는 무엇일까?

PUZZLE 082 어떤 양수의 2분의 1에 해당하는 값을 제곱하고 2로 나눴더니 처음의 양수가 되었다. 원래의 숫자는 무엇일까?

PUZZLE 083 어떤 수의 4분의 1은 512의 세제곱근과 같다. 이 숫자는 무엇일까?

답: 193쪽

PUZZLE 084 어떤 수의 2분의 1은 어떤 수의 제곱근의 2배수와 같다. 이 숫자는 무엇일까?

PUZZLE 085 어떤 수에 2를 곱하고 제곱한 값은 50의 2분의 1과 같다. 이 숫자는 무엇일까?

PUZZLE 086 어떤 수에서 3을 빼고 제곱한 값이 원래 숫자를 제곱해서 45를 뺀 값과 같다. 이 숫자는 무엇일까?

PUZZLE 087 어떤 수에 10을 곱한 값은 원래 숫자에 1000을 곱한 값의 제곱근과 같다. 이 숫자는 무엇일까?

PUZZLE 088 어떤 수에 26을 곱하면 원래 숫자의 26분의 1에 해당하는 값에 4×50.7을 곱한 값과 같다. 이 숫자는 무엇일까?

답: 193~194쪽

PUZZLE 089   어떤 수에 40을 곱하면 원래 숫자에 7×8×10을 곱한 값의 절반이 된다. 이 숫자는 무엇일까?

PUZZLE 090   0.18에 0.19를 더하면 사자(lion)가 된다. 어떻게 계산한 것일까?

PUZZLE 091   제곱의 합이 50이 되는 양수인 정수 두 개는 무엇일까?

PUZZLE 092   철물점 창고에 8,200개의 못이 상자 가득 담겨 있다. 상자의 개수는 12개들이 250상자, 24개들이 200상자, 10개들이 180상자이며 그 외에도 종류별로 섞인 못이 372개 있다. 상자에 더 담을 수 있는 못은 몇 개일까?

답: 194~195쪽

PUZZLE 093   사이먼이 봉지에 든 사탕을 균등하게 나누려고 한다. 세 묶음으로 나눴더니 사탕 한 개가 남아서 네 묶음, 다섯 묶음, 여섯 묶음으로 나눠봤지만, 결과는 똑같았다. 마침내 일곱 묶음으로 나눴더니 남는 사탕이 없었다. 사탕은 전부 몇 개였을까?

PUZZLE 094   1, 2, 3, 4가 두 번씩 들어가는 여덟 자리 숫자가 두 개 있다. 두 숫자에서 1은 모두 한 자리 건너에 있고 2는 두 자리 건너에 있으며 3은 세 자리 건너에 있고 4는 네 자리 건너에 있다. 이 두 개의 숫자는 무엇일까?

PUZZLE 095   한 남자가 룰렛 게임에서 이길 때마다 건 돈의 2배를 땄고 그 돈의 절반을 다시 걸었다. 남자는 64달러를 걸고 게임을 시작해서 546달러 75센트를 땄다. 남자는 몇 번 이기고 졌을까?

PUZZLE 096
다음 방정식에서 정수 x의 값은 무엇일까?
$x^3+(2x)^2=8\times3$

답: 195쪽

그림에서 물음표에 들어갈 숫자는 무엇일까?

PUZZLE 097

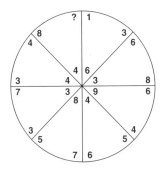

답: 195쪽

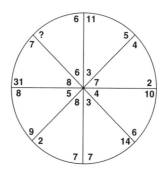

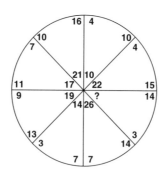

답: 196쪽

앨런이 브랜다에게 5.50달러를 주면 두 사람이 가진 돈이 같아지고, 브랜다가 앨런에게 1.50달러를 주면 앨런이 브랜다보다 2배 많은 돈을 갖게 된다. 두 사람이 가진 돈은 각각 얼마일까?

답: 196쪽

··

한 꼬마가 저금통을 열어보니 1달러 동전과 1, 5, 10, 25, 50센트 동
전 중에 네 종류의 동전이 같은 개수만큼 들어 있고 동전을 모두 합
한 금액이 20.28달러였다. 네 종류의 동전은 무엇이고, 몇 개씩 있을
까? 단, 100센트는 1달러이다.

답: 196쪽

100을 2분의 1로 나누고 7을 더한 값은 얼마일까?

답: 196쪽

가로, 세로, 높이가 8cm인 정육면체를 페인트에 담갔다. 그 후 이 정육면체를 가로, 세로 높이가 0.5cm인 정육면체로 나누어 잘랐다. 다음 질문에 대한 답을 구해보자.

    Ⓐ 한 면만 페인트가 칠해진 정육면체는 몇 개일까?

    Ⓑ 두 면에 페인트가 칠해진 정육면체는 몇 개일까?

    Ⓒ 세 면에 페인트가 칠해진 정육면체는 몇 개일까?

답: 196~197쪽

1000가구가 사는 마을이 있다. 이 중 15%는 전화번호부에 등재되지 않았고 20%는 아예 전화가 없다. 전화번호부에서 무작위로 500가구를 골라 전화를 건다면 등재되지 않은 집에 전화를 걸 경우는 몇 번이나 될까?

답: 197쪽

수식의 물음표 자리에 +, −, ×, ÷ 기호를 한 번씩만 사용하여 수식을 완성하면 얻을 수 있는 정수 중에 최댓값은 얼마일까? 단, 사칙연산 순서를 무시하고 순서대로 계산하라.

PUZZLE 105

$$4 \ ? \ 2 \ ? \ 5 \ ? \ 4 \ ? \ 9 \ =$$

PUZZLE 106

$$4 \ ? \ 5 \ ? \ 6 \ ? \ 3 \ ? \ 7 \ =$$

답: 197쪽

아래 그림의 과녁에 화살을 세 번 던져서 50점을 얻을 수 있는 경우의 수는 몇 가지일까? 단, 과녁을 벗어나는 경우는 제외하며 점수의 순서는 고려하지 않는다.

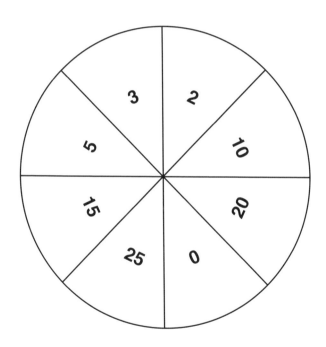

답: 197쪽

시속 45km로 달리는 차를 시속 40km로 달리는 차가 뒤따르고 있
다. 앞차가 165.375km를 달리고 멈췄다면 뒤차가 앞차를 따라잡기
까지 시간이 얼마나 걸리겠는가?

답: 197쪽

아래 표에서 물음표에 들어갈 숫자는 무엇일까?

2	6	7	9	1			6	1	4	3	8			4	0	3	3	5			
8	0	2	7	6	D	F	A	9	4	4	2	3	B	I	H	?	?	?	?	?	G	C	E
5	3	0	2	4			3	2	6	8	7			1	9	7	8	1			

답: 198쪽

PUZZLE

해답 · 수리 · 논리 · 기억력 · 논리력

숨어 있는 규칙을 찾아내는 일에 퍼즐의 묘미가 있다.
해답에 이르는 과정 속에서 논리력과 추리력을 시험하라.

아래 그림을 보고 다음 질문에 답하라.

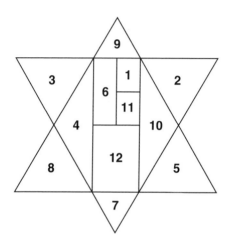

① 삼각형은 몇 개일까?

② 직사각형은 몇 개일까?

③ 육각형은 몇 개일까?

④ 삼각형 안에 적힌 숫자의 합에서 직사각형에 적힌 숫자의 합을 뺀 값
은 얼마일까?

답: 198쪽

대형 상점에 들어서니 세제, 주류, 육류, 빵, 통조림, 과일의 상품 매대가 늘어서 있다. 세제는 주류 옆 매대에 있지만, 상점 입구에서는 보이지 않았다. 육류는 빵 매대보다 앞에 있고 통조림은 주류 매대보다 두 줄 앞에 있으며 육류는 과일 매대보다 네 줄 뒤에 있다.

① 마지막 줄(여섯 번째 줄)은 무슨 매대일까?

② 주류는 몇 번째 줄에 있을까?

③ 첫 번째 줄은 무슨 매대일까?

④ 통조림은 몇 번째 줄에 있을까?

답: 198~199쪽

자동차 전시실에 신차 여덟 대가 전시되어 있다. 그중 흰색 차와 보라 색 차는 양쪽 끝에 있고 빨간색 차는 검은색 차 옆에 있으며 빨간색 차와 세 칸 떨어진 곳에는 파란색 차가 있다. 노란색 차는 파란색 차 옆에 있으며 보라색 차보다 흰색 차와 가까운 자리에 있다. 은색 차 는 빨간색 차 옆에 있으며 녹색 차와 파란색 차는 서로 다섯 칸 떨어 져 있다. 그리고 녹색 차 옆자리에는 검은색 차가 있다.

① 은색 차와 빨간색 차 중에서 보라색 차와 더 가까이 있는 것은 어느 쪽일까?

② 흰색 차와 세 칸 떨어진 자리에 있는 차는 무엇일까?

③ 보라색 차 옆에 있는 차는 무엇일까?

④ 은색 차와 파란 차 사이에 있는 차는 무엇일까?

답: 199쪽

한 설문 기관에서 최근 1년간의 휴가 기간 동안 숙소 이용 실태를 조사했다. 콘도만 이용한 사람은 호텔만 이용한 사람보다 5명 많았고 캠프만 간 사람은 8명이었으며 세 가지 모두 이용한 사람 수는 5명이었다. 캠프만 간 사람은 캠프도 가고 호텔도 이용한 사람(콘도는 이용하지 않음)보다 4배 많았고 지난 1년 동안 호텔을 전혀 이용하지 않은 사람은 59명이었다. 설문 조사에 응답한 전체 인원 107명 중에 캠프에 다녀온 사람은 모두 35명이었다.

① 휴가 기간에 호텔만 이용한 사람은 몇 명일까?

② 캠프는 가지 않고 호텔과 콘도를 둘 다 이용한 사람은 몇 명일까?

③ 콘도를 이용하지 않은 사람은 몇 명일까?

④ 두 종류의 숙소만 이용한 사람은 몇 명일까?

답: 199쪽

오늘 하루 동안 마을 도서관에서 책을 빌린 사람은 모두 64명이다. 스릴러만 빌린 사람은 공상과학소설만 빌린 사람보다 2배 많고 전기만 빌린 사람은 3명이다. 공상과학소설과 스릴러를 둘 다 빌리고 전기는 빌리지 않은 사람은 11명이다. 스릴러와 전기를 둘 다 빌리고 공상과학소설은 빌리지 않은 사람의 수가 세 종류를 모두 빌린 사람의 수와 같고 스릴러를 아예 빌리지 않은 사람은 21명이다. 스릴러를 제외하고 전기와 공상과학소설을 모두 빌린 사람보다 전기만 빌린 사람은 1명 적다.

① 전기를 빌린 사람은 몇 명일까?

② 두 종류의 책을 함께 빌린 사람은 모두 몇 명일까?

③ 세 종류의 책을 모두 빌린 사람은 몇 명일까?

④ 스릴러만 빌린 사람은 몇 명일까?

답: 200쪽

아래 지도의 1~6번 지점은 각각 여섯 마을의 위치를 가리킨다. C마을은 A마을의 남쪽이자 D마을의 동남쪽 지점에 있고 B마을은 F마을의 서남쪽이자 E마을의 서북쪽 지점에 있다.

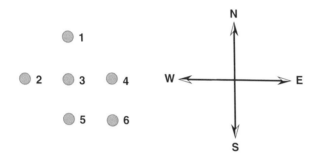

① 1의 위치에 있는 마을은 어디일까?

② 가장 서쪽에 있는 마을은 어디일까?

③ A 마을의 남서쪽에 있는 마을은 어디일까?

④ D 마을의 북쪽에 있는 마을은 어디일까?

⑤ 6의 위치에 있는 마을은 어디일까?

답: 200쪽

이번 달은 수요일이 다섯 번 있고 셋째 토요일은 18일이다.

① 이번 달의 월요일은 몇 번일까?

② 마지막 일요일은 며칠일까?

③ 셋째 수요일은 며칠일까?

④ 23일은 무슨 요일일까?

⑤ 7일은 무슨 요일일까?

답: 200~201쪽

세 친구가 종류별로 하나씩 가진 셔츠, 재킷, 수건, 즉 총 9개의 물건을 세탁하러 갔다. 각각이 가진 세 종류의 물건은 각각 줄무늬와 점무늬, 민무늬로, 무늬가 서로 다르다. 또한 9개의 세탁물 중 같은 무늬를 가진 같은 종류의 물건은 없다. 샌드라의 재킷에는 폴의 수건과 같은 무늬가 있고 폴의 재킷에는 캐리의 수건과 같은 무늬가 있다. 캐리의 재킷은 줄무늬이고 샌드라의 셔츠는 점무늬이다.

① 점무늬 재킷을 가진 사람은 누구일까?

② 샌드라의 수건은 무슨 무늬일까?

③ 줄무늬 셔츠를 가진 사람은 누구일까?

④ 캐리의 재킷은 무슨 무늬일까?

⑤ 폴의 수건은 무슨 무늬일까?

답: 201쪽

조안나와 리처드, 토마스가 각자의 연필과 크레파스, 필통을 책상 위에 올려놓았다. 아이들의 학용품에는 고양이, 코끼리, 토끼가 하나씩 그려져 있지만 같은 그림을 가진 같은 종류의 물건은 없다. 조안나의 필통과 토마스의 연필에는 같은 그림이 있고 리처드의 연필에는 조안나의 크레파스와 같은 그림이 있다. 리처드의 필통에는 고양이 그림이 있고 토마스의 연필에는 코끼리 그림이 있다.

① 고양이가 그려진 연필을 가진 사람은 누구일까?

② 리처드의 크레파스에는 무슨 그림이 있을까?

③ 토끼가 그려진 필통을 가진 사람은 누구일까?

④ 토마스의 필통에는 무슨 그림이 있을까?

⑤ 토끼가 그려진 크레파스를 가진 사람은 누구일까?

답: 201쪽

각 문제의 왼쪽에 적힌 숫자들이 화살표에 숨겨진 수식을 거치면 오른쪽 숫자로 바뀐다. 물음표에 들어갈 숫자는 무엇일까?

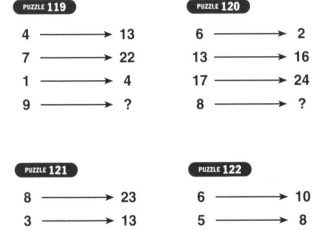

PUZZLE 119

4 ⟶ 13
7 ⟶ 22
1 ⟶ 4
9 ⟶ ?

PUZZLE 120

6 ⟶ 2
13 ⟶ 16
17 ⟶ 24
8 ⟶ ?

PUZZLE 121

8 ⟶ 23
3 ⟶ 13
11 ⟶ 29
2 ⟶ ?

PUZZLE 122

6 ⟶ 10
5 ⟶ 8
17 ⟶ 32
12 ⟶ ?

답: 202쪽

18 ⟶ 15
20 ⟶ 16
6 ⟶ 9
14 ⟶ ?

31 ⟶ 12
15 ⟶ 4
13 ⟶ 3
41 ⟶ ?

10 ⟶ 12
19 ⟶ 30
23 ⟶ 38
14 ⟶ ?

9 ⟶ 85
6 ⟶ 40
13 ⟶ 173
4 ⟶ ?

361 ⟶ 22
121 ⟶ 14
81 ⟶ 12
25 ⟶ ?

21 ⟶ 436
15 ⟶ 220
8 ⟶ 59
3 ⟶ ?

답: 202~203쪽

PUZZLE 129

5 ⟶ 65

2 ⟶ 50

14 ⟶ 110

8 ⟶ ?

PUZZLE 130

15 ⟶ 16

34 ⟶ 92

13 ⟶ 8

20 ⟶ ?

PUZZLE 131

5 ⟶ 38

12 ⟶ 80

23 ⟶ 146

9 ⟶ ?

PUZZLE 132

7 ⟶ 15

16 ⟶ 51

4 ⟶ 3

21 ⟶ ?

PUZZLE 133

36 ⟶ 12

56 ⟶ 17

12 ⟶ 6

40 ⟶ ?

PUZZLE 134

145 ⟶ 26

60 ⟶ 9

225 ⟶ 42

110 ⟶ ?

답: 204~205쪽

PUZZLE 135

25 ⟶ 72
31 ⟶ 108
16 ⟶ 18
19 ⟶ ?

PUZZLE 136

8 ⟶ 99
11 ⟶ 126
26 ⟶ 261
15 ⟶ ?

PUZZLE 137

8 ⟶ 100
13 ⟶ 225
31 ⟶ 1089
17 ⟶ ?

PUZZLE 138

29 ⟶ 5
260 ⟶ 16
13 ⟶ 3
40 ⟶ ?

답: 205쪽

아래 그림을 보고 질문에 답하라.

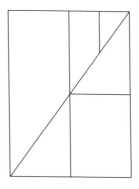

① 그림을 선을 따라 나누었을 때 최대 몇 조각으로 나뉠까?

② 그림에서 삼각형은 몇 개일까?

③ 그림에서 직사각형은 몇 개일까?

④ 그림에서 직각은 몇 개일까?

답: 206쪽

	원숭이	라마	사자
동물원 A	42	25	16
동물원 B	35	21	14
동물원 C	48	20	10

① 동물원 B의 라마보다 2배 많은 원숭이가 있는 동물원은 어디일까?

② 사자가 전체 사자 수의 4분의 1이 있는 동물원은 어디일까?

③ 라마 수와 사자 수를 더한 합이 원숭이 수와 같은 동물원은 어디일까?

④ 동물원 A의 사자보다 원숭이가 3배 많은 동물원은 어디일까?

⑤ 같은 동물원에서 사자보다 2배 많은 라마가 있는 동물원은 어디일까?

답: 206쪽

겨울에 찍은 사진을 보니 모든 사람이 모자 또는 목도리, 장갑을 착용하고 있다. 모자만 쓴 사람의 수는 모자를 제외하고 목도리와 장갑을 둘 다 착용한 사람의 수와 같고 모자를 쓰지 않은 사람은 4명밖에 없다. 모자와 목도리를 둘 다 착용하고 장갑을 끼지 않은 사람은 5명이며 목도리만 한 사람의 수는 모자만 쓴 사람의 절반이다. 장갑을 끼지 않은 사람은 8명이고 목도리를 하지 않은 사람은 7명이다. 모자와 목도리, 장갑을 모두 착용한 사람은 모자만 쓴 사람보다 1명 많다.

① 세 가지 모두 착용한 사람은 몇 명일까?

② 장갑만 낀 사람은 몇 명일까?

③ 목도리만 두른 사람은 몇 명일까?

④ 모자와 장갑을 둘 다 착용하고 목도리는 하지 않은 사람은 몇 명일까?

⑤ 장갑을 낀 사람은 몇 명일까?

⑥ 사진 속의 사람은 모두 몇 명일까?

답: 206쪽

학생들이 쉬는 시간에 매점에서 살 수 있는 간식은 감자튀김과 사탕, 음료수가 있다. 오늘 매점에서 사탕만 산 학생은 감자튀김만 산 학생보다 2명 많았고 사탕을 사지 않은 학생은 37명이었다. 사탕을 제외하고 감자튀김과 음료수를 둘 다 산 학생은 사탕만 산 학생보다 2명 많았으며 음료수를 산 학생은 60명이지만 음료수만 산 학생은 9명밖에 없었다. 12명은 감자튀김만 샀으며 사탕만 산 학생은 감자튀김을 제외하고 사탕과 음료수를 둘 다 산 학생보다 1명 많았다. 감자튀김과 사탕을 둘 다 사고 음료수는 사지 않은 학생은 감자튀김과 음료수를 둘 다 사고 사탕은 사지 않은 학생보다 3명 많았다.

① 세 가지 간식을 모두 산 학생은 몇 명일까?

② 감자튀김과 사탕을 둘 다 사고 음료는 사지 않은 학생은 몇 명일까?

③ 감자튀김과 음료수를 둘 다 사고 사탕은 사지 않은 학생은 몇 명일까?

④ 매점에서 간식을 산 학생은 몇 명일까?

⑤ 감자튀김을 사지 않은 학생은 몇 명일까?

⑥ 사탕만 산 학생은 몇 명일까?

답: 207쪽

22명이 소시지와 튀김, 콩을 나눠 먹었다. 콩은 먹지 않고 소시지와 튀김을 둘 다 먹은 사람과 튀김을 먹지 않고 소시지와 콩을 둘 다 먹은 사람의 수는 같고 튀김을 먹지 않은 사람은 7명뿐이다. 소시지는 먹지 않고 튀김과 콩을 둘 다 먹은 사람과 튀김만 먹은 사람의 수는 같다. 콩과 소시지를 둘 다 먹고 튀김은 먹지 않은 사람이 소시지만 먹은 사람보다 2배 많다. 콩만 먹은 사람은 1명이다. 소시지, 튀김, 콩을 모두 먹은 사람은 콩을 제외하고 소시지와 튀김을 둘 다 먹은 사람보다 1명 많았다.

① 소시지와 튀김과 콩을 모두 먹은 사람은 몇 명일까?

② 소시지만 먹은 사람은 몇 명일까?

③ 콩을 먹지 않은 사람은 몇 명일까?

④ 소시지를 먹지 않은 사람은 몇 명일까?

⑤ 튀김과 콩을 둘 다 먹고 소시지는 먹지 않은 사람은 몇 명일까?

⑥ 콩은 먹지 않고 소시지와 튀김을 둘 다 먹은 사람은 몇 명일까?

답: 207쪽

육상 대회에서 단거리달리기와 이어달리기, 장애물 경기가 열렸다. 장애물 경기만 참가한 선수는 단거리달리기만 참가한 선수보다 1명 많다. 이어달리기는 제외하고 단거리달리기와 장애물 경기에 둘 다 참가한 인원과 단거리달리기를 제외하고 이어달리기와 장애물 경기에 둘 다 참가한 인원은 같다. 이어달리기를 하지 않은 선수는 11명이다. 이어달리기만 참가한 인원과 장애물 경기만 참가한 인원이 같다. 장애물 경기는 하지 않고 단거리달리기와 이어달리기에 둘 다 참가한 선수는 5명이며 세 종목 모두 참가한 선수는 3명이다. 장애물 경기만 참가한 선수보다 장애물 경기는 하지 않고 이어달리기와 단거리달리기만 둘 다 참가한 선수가 1명 더 많았다.

① 종목에 상관없이 대회에 출전한 선수는 모두 몇 명일까?

② 이어달리기에만 참가한 선수는 몇 명일까?

③ 장애물 경기에 참가하지 않은 선수는 몇 명일까?

④ 단거리달리기에 참가하지 않은 선수는 몇 명일까?

⑤ 장애물 경기와 이어달리기에 둘 다 참가하고 단거리달리기에는 참가하지 않은 선수는 몇 명일까?

⑥ 두 종목에만 참가한 선수는 몇 명일까?

답: 208쪽

TV 시청에 관한 설문 조사를 100명에게 시행한 결과 주요 시청 프로그램은 드라마와 다큐멘터리, 영화였다. 그중 26명은 세 종류의 프로그램을 모두 시청했고, 39명은 다큐멘터리를 보지 않았다. 드라마만 보는 사람과 영화만 보는 사람의 수를 모두 합치면 드라마는 보지 않고 영화와 다큐멘터리를 둘 다 보는 사람의 수와 같다. 영화는 보지 않고 드라마와 다큐멘터리를 둘 다 보는 사람은 14명이었으며, 다큐멘터리만 보는 사람은 3명이었다. 영화를 보지 않은 사람은 27명이다.

① 드라마와 영화를 둘 다 시청하고 다큐멘터리는 보지 않는 사람은 몇 명일까?

② 드라마만 보는 사람은 몇 명일까?

③ 영화와 다큐멘터리를 둘 다 보고 드라마는 보지 않는 사람은 몇 명일까?

④ 영화만 보는 사람은 몇 명일까?

⑤ 세 가지 프로그램 중에 두 가지만 보는 사람은 몇 명일까?

⑥ 한 가지 프로그램만 보는 사람은 몇 명일까?

답: 208쪽

열매따기 체험농장에 온 사람들이 라즈베리와 딸기, 자두를 땄다. 라즈베리만 딴 사람은 자두만 딴 사람보다 2배 많았다. 세 가지를 모두 딴 사람은 자두만 딴 사람보다 3명 많았으며 딸기만 딴 사람은 라즈베리와 딸기를 둘 다 따고 자두는 따지 않은 사람보다 4명 많았다. 50명은 아예 딸기를 따지 않았고 그중 11명은 자두와 라즈베리를 둘 다 땄다. 60명이 자두를 땄으며 과일을 따러 온 사람은 전부 100명이었다.

① 라즈베리를 딴 사람은 몇 명일까?

② 세 가지를 모두 딴 사람은 몇 명일까?

③ 라즈베리만 딴 사람은 몇 명일까?

④ 자두와 딸기를 둘 다 따고 라즈베리는 따지 않은 사람은 몇 명일까?

⑤ 딸기만 딴 사람은 몇 명일까?

⑥ 세 가지 과일 중에 두 가지만 딴 사람은 몇 명일까?

답: 209쪽

한 대학에서 신입생에게 미술, 과학, 고전문학 중 최대 2과목을 동시 수강할 수 있도록 했다. 수강신청 현황을 보니 미술과 고전문학을 둘 다 수강하는 학생은 미술만 수강하는 학생보다 1명 더 많았다. 과학과 고전문학을 둘 다 수강하는 학생은 미술과 과학을 둘 다 수강하는 학생보다 2명 많았다. 미술과 고전문학을 둘 다 수강하는 학생은 미술과 과학을 둘 다 수강하는 학생의 절반밖에 되지 않았다. 21명이 미술을 신청하지 않았으며 고전문학만 신청한 학생은 3명, 과학만 신청한 학생은 6명이었다.

① 과학을 신청하지 않은 학생은 몇 명일까?

② 과학과 고전문학을 둘 다 수강하는 학생은 몇 명일까?

③ 두 과목을 신청한 학생은 몇 명일까?

④ 한 과목만 신청한 학생은 몇 명일까?

⑤ 고전문학을 수강하지 않는 학생은 몇 명일까?

⑥ 미술만 신청한 학생은 몇 명일까?

답: 209쪽

애견 센터에서 래브라도와 콜리, 그레이하운드 순종과 함께 잡종견을 분양한다. 래브라도 순종은 콜리 순종보다 2마리 많고 콜리-래브라도 잡종견은 6마리이다. 10마리는 래브라도와 콜리의 피가 섞여 있지 않다. 세 종류가 모두 섞인 잡종견은 1마리뿐이다. 래브라도-콜리 잡종견은 래브라도-그레이하운드 잡종견보다 2배 많고 콜리 혼혈이 아닌 개는 22마리이다. 애견 센터에 있는 개는 모두 40마리이다.

① 래브라도 순종은 몇 마리일까?

② 콜리 순종은 몇 마리일까?

③ 그레이하운드 순종은 몇 마리일까?

④ 래브라도-그레이하운드 잡종견은 몇 마리일까?

⑤ 콜리-그레이하운드 잡종견은 몇 마리일까?

⑥ 래브라도 혼혈이 아닌 개는 몇 마리일까?

답: 210쪽

PUZZLE

해답

수리

언어

공간

기억력

문제를 풀기 시작하면 지문을 다시 볼 수 없다.
제한된 시간 내에 주요한 정보를 기억했다가 질문에 답하라.
팽팽한 긴장감 속에 기억력과 집중력을 동시에 기를 수 있는 기회다.

다음 내용을 2분간 읽고 최대한 기억한 후 질문에 답하라. 문제를 풀기 시작하고 나서는 지문을 다시 볼 수 없다. 제한 시간은 10분이므로 문제를 풀기 전에 타이머를 설정하자.

부동산 매물 정보

· 올드 스톤 저택

· 우스터셔 주 후키 시 팜하우스 가.

· 후키 시 외곽에 위치한 근사한 2층 저택. 오랜 역사를 자랑하는 엘리자베스 양식의 건축물(천장의 들보 포함)로 고풍스러운 분위기를 자랑하며 생활에 불편함이 없도록 10년에 걸쳐 상당 부분을 수리했음. 딘 강과 강 너머의 삼림지가 내려다보이는 전망이 좋은 남향의 독채이며 A454 거리와 B2314 거리로 접근이 쉬움.

· 난방은 가스식 중앙난방이며 이중창과 보안 시설까지 갖췄음.

· 매매가는 235만 파운드 선.

· 1층에는 거실 2개와 응접실, 부엌, 다용도실, 손님용 화장실, 창고가 1개씩 있음. 2층에는 침실이 4개(이 중 2개는 욕실이 딸린 침실)가 있고 이외에도 욕조가 딸린 욕실 1개가 있음.

① 매물로 나온 저택의 이름은 무엇인가?

② 저택이 위치한 동네는 어디인가?

③ 저택이 있는 지역은 워위크셔 주인가 우스터셔 주인가?

④ 저택은 몇 층인가?

⑤ 저택이 위치한 곳은 시내인가 외곽인가?

⑥ 저택의 건축 양식은 무엇인가?

⑦ 천장 들보가 있는가?

⑧ 매물 가격은 얼마인가?

⑨ 저택을 보려면 중개업자에게 연락해야 하는가?

⑩ 저택에 있는 침실은 몇 개인가?

답: 210쪽

⑪ 욕실이 연결된 방은 어디인가?

⑫ 욕실에 파워 샤워기가 있는가?

⑬ 2층에 있는 침실은 몇 개인가?

⑭ 저택에서 가까운 거리는 어디인가?

⑮ 저택에서 볼 수 있는 강의 이름은?

⑯ 저택의 창은 이중창인가, 단창인가?

⑰ 저택은 남동향인가?

⑱ 저택에서는 강 이외에 어떤 경치를 감상할 수 있는가?

⑲ 저택 1층에 응접실이 있는가?

⑳ 욕조가 딸린 욕실은 몇 개인가?

답: 210쪽

다음 가로세로 낱말 퍼즐을 2분간 숙지하고 질문에 답하라. 낱말 퍼즐의 단어는 모두 과일, 채소, 동물의 이름이다. 문제를 풀기 시작하고 나서는 지문을 다시 볼 수 없으며 제한 시간은 10분이므로 퍼즐을 풀기 전에 타이머를 설정하자.

① 과일은 몇 종류인가?

② 동물은 몇 종류인가?

③ 채소는 몇 종류인가?

④ 세로 3번의 단어는 과일인가 채소인가?

⑤ 양배추는 가로 단어인가, 세로 단어인가?

⑥ 세로 5번의 단어이면서 'ORANGE'와 교차하는 동물의 이름은 무엇인가?

⑦ 'ONION'이라는 단어가 있는가?

⑧ 과일 이름과 채소 이름 중에 어느 것이 개수가 더 많은가?

⑨ 가로 12번의 단어는?

⑩ 낱말 퍼즐에서 'DOG'가 두 번 이상 나오는가?

답: 211쪽

⑪ 세로 9번의 단어는?

⑫ 가장 긴 단어는?

⑬ 다섯 글자로 된 단어는 몇 개인가?

⑭ 세 글자로 된 단어는 몇 개인가?

⑮ 숫자가 매겨지지 않은 칸에 적힌 단어는?

⑯ 단어 'APPLE'은 가로 2번에 있는가, 가로 3번에 있는가?

⑰ 'BULL'은 어디 있는가?

⑱ 'CARROT'은 어디 있는가?

⑲ 세로 11번의 단어는?

⑳ 낱말 퍼즐에 사용된 단어는 전부 몇 개인가?

답: 211쪽

다음 비행시간표를 2분간 숙지하고 질문에 답하라. 문제를 풀기 시작하고 나서는 지문을 다시 볼 수 없으며 제한 시간은 10분이므로 문제를 풀기 전에 타이머를 설정하자.

출발 시각	도착지	항공사
0630	파리	브리티시에어
0645	스페인	이베리아
0705	뭄바사	모나크
0755	플로리다	버진아틀란틱
0910	사이프러스	델타
0945	아일랜드	아에로플로트
1000	중국	캐세이퍼시픽
1020	자메이카	올림픽
1245	인도	KLM
1300	아일랜드	이베리아
1345	암스테르담	아에로플로트

① 항공기는 모두 몇 대인가?

② 가장 빠른 항공편의 출발 시각은?

③ 9시 45분에 출발하는 항공편의 도착지는?

④ 아일랜드로 가는 비행기는 몇 대인가?

⑤ 자메이카로 가는 비행기는 어느 항공사인가?

⑥ 캐세이퍼시픽 항공편의 도착지는?

⑦ 인도행 비행기의 출발 시각은?

⑧ 7시 55분에 출발하는 버진아틀란틱 항공편을 타고 갈 수 있는 곳은?

⑨ 시드니행 비행기의 출발 시각은?

⑩ 12시 45분에 출발하는 비행기는 어느 항공사인가?

답: 211쪽

⑪ 12시 45분에 출발하는 비행기는 인도로 가는가, 아일랜드로 가는가?

⑫ 뭄바사행 비행기는 몇 대인가?

⑬ 이베리아 항공사의 항공편은 몇 개인가?

⑭ 마지막 항공편의 출발 시각은?

⑮ 10시 25분에 출발하는 비행기는 어디로 가는가?

⑯ 에어링구스 항공사의 항공편은 몇 개인가?

⑰ 스페인행 비행기의 출발 시각은?

⑱ 중국으로 가려면 10시 비행기와 10시 20분 비행기 중에 어느 것을 타야 하는가?

⑲ 델타 항공사의 사이프러스행 비행기는 9시 10분에 출발하는가?

⑳ 올림픽 항공사의 자메이카행 비행기는 10시 10분에 출발하는가?

답: 211쪽

다음 주차 정보를 2분간 숙지하고 질문에 답하라. 문제를 풀기 시작하고 나서는 지문을 다시 볼 수 없으며 제한 시간은 10분이므로 퍼즐을 풀기 전에 타이머를 설정하자.

성 마리아 주차장

· 개장 시간 : 오전 7시 30분부터
　　　　　　오후 6시 30분까지

· 주차 요금 : 1시간 이하 0.50달러
　　　　　　2시간 이하 1달러
　　　　　　3시간 이하 1.50달러
　　　　　　3시간 초과 2.30달러

1	빨간색 미니	빨간색 코르사	흰색 피에스타	은색 아우디	녹색 랜드로버		

2		흰색 밴	금색 메르세데스	빨간색 코르사	녹색 푸조		

3		검은색 아스트라	검은색 에스코트	검은색 BMW	노란색 MGBT		

4	노란색 혼다600			파란색 랜드로버	빨간색 포르셰		

① 주차장 이름은 무엇인가?

② 주차 요금은 몇 종류인가?

③ 주차된 차는 몇 줄인가?

④ 주차 공간은 모두 몇 개인가?

⑤ 4열의 주차 공간은 몇 개인가?

⑥ 빈 자리는 모두 몇 개인가?

⑦ 1번 줄의 빈 자리는 몇 개인가?

⑧ 주차된 차는 모두 몇 대인가?

⑨ 빨간색 차는 모두 몇 대인가?

⑩ 크림색 차는 몇 대인가?

답: 212쪽

⑪ 금색 메르세데스와 녹색 푸조 사이에 있는 차는 무엇인가?

⑫ 1열의 정중앙에 있는 차는 무엇인가?

⑬ 코르사는 몇 대인가?

⑭ 주차장의 1일 영업시간은 몇 시간인가?

⑮ 주차장이 문을 닫는 시각은?

⑯ 주차된 차의 브랜드는 몇 종류인가?

⑰ 에스코트는 빨간색, 흰색, 녹색, 파란색, 검정색 중에 무슨 색인가?

⑱ 랜드로버는 녹색, 파란색, 흰색 중에 무슨 색인가?

⑲ 검은색 아스트라 옆의 빈 자리는 몇 번째 줄인가?

⑳ 어떤 색의 차가 가장 많은가?

㉑ 3시간 30분 동안 차를 세우면 주차 요금은 얼마인가?

답: 212쪽

10분

PUZZLE 153

다음 지도를 2분간 숙지하고 질문에 답하라. 문제를 풀기 시작하고 나서는 지도를 다시 볼 수 없으며 제한 시간은 10분이므로 문제를 풀기 전에 타이머를 설정하자.

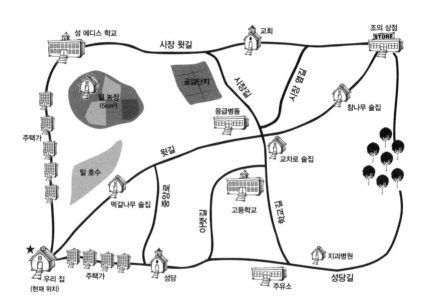

118

① 집에서 조의 상점으로 가는 가장 빠른 길은 어디인가?

② 집에서 나오자마자 오른쪽으로 가서 성당에 가려 한다. 성당에 도착하기 전에 나오는 왼쪽 갈림길의 이름은?

③ 떡갈나무 술집은 어느 길에 있는가?

④ 술집은 몇 채인가?

⑤ 지도상에 치과가 있는가?

⑥ 농장의 이름은 무엇인가?

⑦ 농장의 넓이는 얼마인가?

⑧ 교회는 몇 채인가?

⑨ 시장에 있는 학교의 이름은?

⑩ 윗길에 있는 술집은 몇 채인가?(길 근처의 술집도 포함)

답: 212쪽

⑪ 집에서 나와 윗길을 따라가면 볼 수 있는 세 번째 술집의 이름은?

⑫ 집에서 나오자마자 왼쪽으로 가면 몇 채의 집을 볼 수 있는가?

⑬ 연못이나 호수가 있는가?

⑭ 차에 기름을 넣으려면 어느 길 쪽으로 가야 하는가?

⑮ 집에서 나와 윗길을 따라가면 볼 수 있는 두 번째 술집에서 치과로 가려면 왼쪽으로 가야 하는가, 오른쪽으로 가야 하는가?

⑯ 고등학교를 사이에 둔 두 길의 이름 중 하나는 무엇인가?

⑰ 공업단지의 구획은 몇 개인가?

⑱ '시장'이라는 단어가 포함된 길은 몇 개인가?

⑲ 집에서 나오자마자 오른쪽으로 가다가 성당을 지나 왼쪽으로 돌아가면 나오는 길의 이름은?

⑳ 집에서 교회로 가려면 어느 길로 가야 하는가?

답: 212쪽

다음의 도로계획서를 2분간 숙지하고 문제에 답하라. 문제를 풀기 시작하고 나서는 지문을 다시 볼 수 없으며 제한 시간은 10분이므로 퍼즐을 풀기 전에 타이머를 설정하자.

10호	12호	15호	22호	26호	29호	33호	33a호 우체국,	40호
듀크스 부부	피어스 양	암스트롱 부부	필드 씨	잭슨 부인	몰리 양	호지 부인	밀러 씨	빈집

롱포드홀 가

9호	11호	14호	19호	24호	28호	30호	35호	43호
데이비스 씨와 존슨 양	웨인라이트 부부	브롤리 부부	빈집	코필드 씨	자일스 씨와 샌햄 부인	제닝스 부부	케네디 씨	버려진 건물

① 거리 이름은?

② 집은 전부 몇 개인가?

③ 남자만 사는 집은 몇 개인가?

④ 여자만 사는 집은 몇 개인가?

⑤ 10호에 사는 부부는 누구인가?

⑥ 22호에 사는 사람은 누구인가?

⑦ 40호는 빈집인가?

⑧ 11호는 빈집인가?

⑨ 우체국에 사는 사람은 누구인가?

⑩ 브롬리 부부와 코필드 씨의 집 사이에 사는 사람은 누구인가?

답: 213쪽

⑪ 존슨 양은 9호에 사는가?

⑫ 12호에 사는 사람은 누구인가?

⑬ 도로에서 봤을 때 우체국 왼쪽에 사는 사람은 누구인가?

⑭ 자일스 씨와 몰리 양은 한집에 사는가?

⑮ 케네디 씨와 함께 사는 사람은 누구인가?

⑯ 22호의 맞은편 집의 호수는?

⑰ 사람이 살지 않는 집은 몇 개인가?

⑱ 샌햄 부인이 사는 집의 호수는?

⑲ 버려진 집의 호수는?

⑳ 필드 씨는 22호에 사는가?

답: 213쪽

다음 표를 3분간 숙지하고 문제에 답하라. 문제를 풀기 시작하고 나서는 표를 다시 볼 수 없으며 제한 시간은 10분이므로 퍼즐을 풀기 전에 타이머를 설정하자.

	1	2	3	4	5	6	
	$	¶	Q	=	¶	Ó	A
	$	¶	2	4	Ó	Ó	B
	Ó	Z	4	$	$	$	C
	3	$	=	Ó	Q	3	D
	Q	Z	¶	$	Ó	¶	E
	¶	%	=	%	&	%	F

① 표 위쪽에 가로 방향으로 적혀 있는 숫자는 무엇인가?

② 표 오른쪽에 세로 방향으로 적혀 있는 글자는 무엇인가?

③ 2C의 글자는?

④ 1A의 기호는?

⑤ F행에 적힌 기호를 왼쪽부터 순서대로 적으시오.

⑥ C행에서 세 번 이상 나오는 기호는?

⑦ ¶ 기호는 모두 몇 개인가?

⑧ C행에서 Z의 오른쪽에 있는 것은 4인가, $인가?

⑨ 표 속의 서로 다른 숫자는 모두 몇 개인가?

⑩ 표 속의 서로 다른 글자는 모두 몇 개인가?

답: 213쪽

⑪ 1열에 있는 기호를 A행부터 순서대로 적으시오.

⑫ % 기호가 3개 나오는 행은?

⑬ $ 기호가 3개 나오는 행은?

⑭ & 기호는 모두 몇 개인가?

⑮ D1의 숫자는?

⑯ D5의 기호는 Q인가, $인가?

⑰ = 기호는 모두 몇 개인가?

⑱ E행에서 Z보다 앞에 오는 글자는 무엇인가?

⑲ F행의 맨 오른쪽 끝에 있는 기호는?

⑳ Q는 모두 몇 개인가?

답: 213쪽

패턴 퍼즐까지 풀어내는 독자라면 단순한 퍼즐 풀이를 넘어
사고 체계가 확장되는 경험을 하게 될 것이다.

각 문제의 보기 중에 나머지 네 개와 다른 하나는 무엇일까?

PUZZLE 156

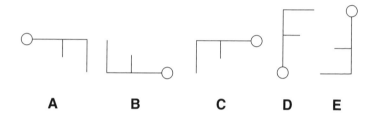

A　　　**B**　　　**C**　　　**D**　　　**E**

PUZZLE 157

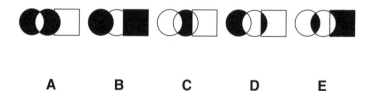

A　　　**B**　　　**C**　　　**D**　　　**E**

답: 214쪽

PUZZLE 158

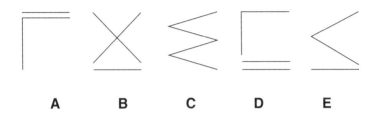

A   B   C   D   E

PUZZLE 159

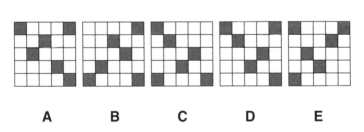

A   B   C   D   E

답: 214쪽

PUZZLE 160

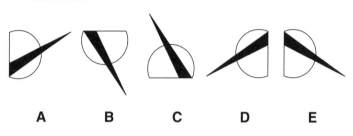

A B C D E

PUZZLE 161

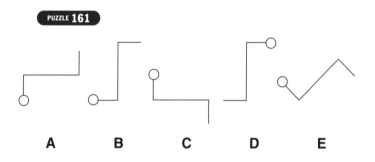

A B C D E

답: 214~215쪽

PUZZLE 162

A   B   C   D   E

PUZZLE 163

A   B   C   D   E

답: 215쪽

PUZZLE **164**

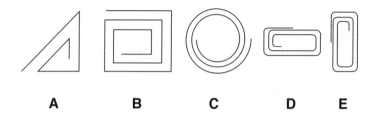

A   B   C   D   E

PUZZLE **165**

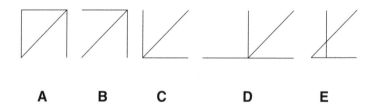

A   B   C   D   E

답: 215쪽

각 문제의 물음표에 들어갈 그림은 무엇일까?

PUZZLE **166**

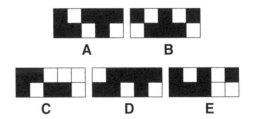

답: 216쪽

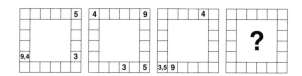

A   **B**   **C**   **D**   **E**

답: 216쪽

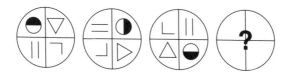

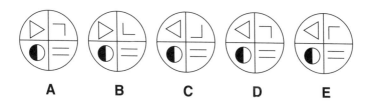

A   B   C   D   E

답: 216쪽

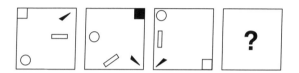

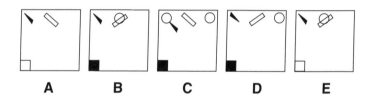

A   **B**   **C**   **D**   **E**

답: 216쪽

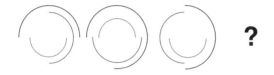

?

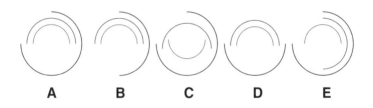

A   B   C   D   E

답: 216쪽

?

A   **B**   **C**   **D**   **E**

답: 217쪽

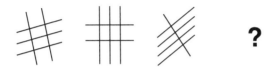

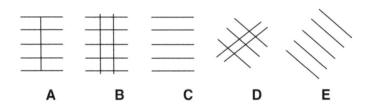

A   B   C   D   E

답: 217쪽

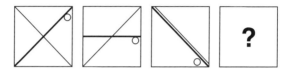

PUZZLE **173**

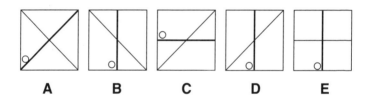

A   B   C   D   E

답: 217쪽

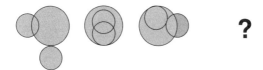

?

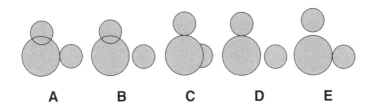

A   B   C   D   E

답: 217쪽

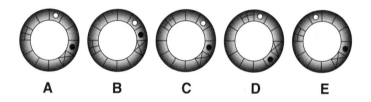

A   **B**   **C**   **D**   **E**

답: 218쪽

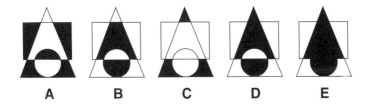

A B C D E

답: 218쪽

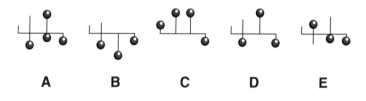

A   **B**   **C**   **D**   **E**

답: 218쪽

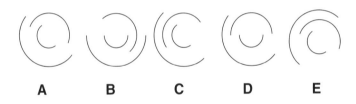

A B C D E

답: 218쪽

PUZZLE **179**

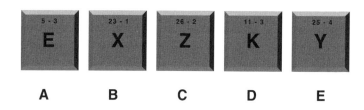

1 - 3		13 - 4		22 - 2		
A	:	**M**	=	**V**	:	**?**

5 - 3	23 - 1	26 - 2	11 - 3	25 - 4
E	**X**	**Z**	**K**	**Y**
A	B	C	D	E

답: 218쪽

: = : **?**

A　　**B**　　**C**　　**D**　　**E**

답: 219쪽

이번 문제의 보기들은 각각 특정한 순서대로 상하좌우로 배치했을 때 거울에 비친 상을 이룬다. 이때 거울에 비친 상이 잘못된 보기가 있다.

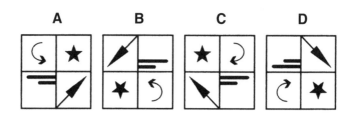

예를 들어 위의 보기는 다음과 같이 배치했을 때 B의 한 부분만 제외하고 거울에 비친 상을 이룬다.

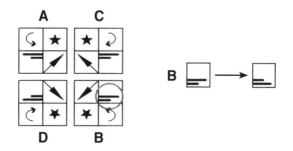

다음 문제의 보기 중에 거울에 비친 상이 잘못된 것은 무엇일까?

PUZZLE **181**

A   B   C   D

PUZZLE **182**

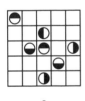   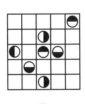   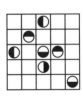

A   B   C   D

답: 219쪽

A   B   C   D

A   B   C   D

답: 219쪽

A   **B**   **C**   **D**

답: 219쪽

각 문제의 보기들은 같은 정육면체를 여러 각도에서 본 것이다. 이 중 같은 정육면체가 아닌 것은 무엇일까?

PUZZLE **186**

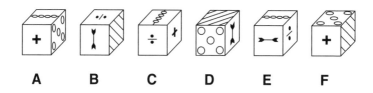

A   B   C   D   E   F

PUZZLE **187**

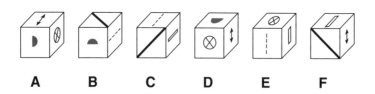

A   B   C   D   E   F

답: 220쪽

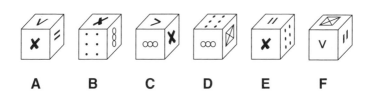

A   B   C   D   E   F

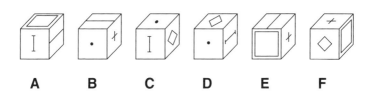

A   B   C   D   E   F

답: 220쪽

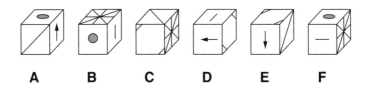

A   B   C   D   E   F

답: 220쪽

각 문제의 보기 중에 제시된 그림의 전개도로 만들 수 있는 정육면체는 무엇일까?

PUZZLE 191

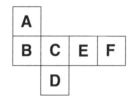

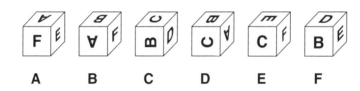

A   B   C   D   E   F

답: 220쪽

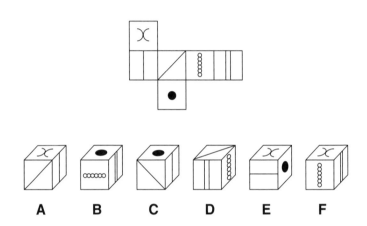

A   B   C   D   E   F

답: 221쪽

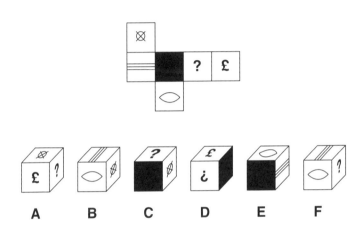

A   B   C   D   E   F

답: 221쪽

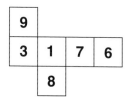

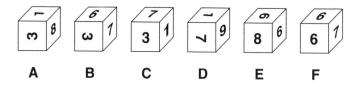

A   B   C   D   E   F

답: 221쪽

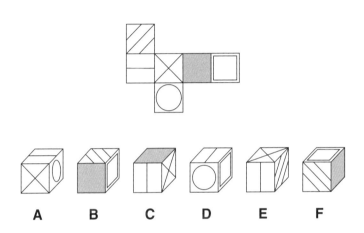

A   B   C   D   E   F

답: 221쪽

각 문제의 보기 중에 제시된 그림을 완성하는 데 사용되지 않는 조각
은 무엇일까?

PUZZLE **196**

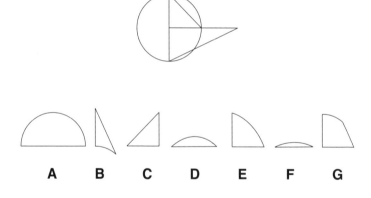

A   B   C   D   E   F   G

답: 221쪽

PUZZLE 197

A B C D E F G H I J

답: 221쪽

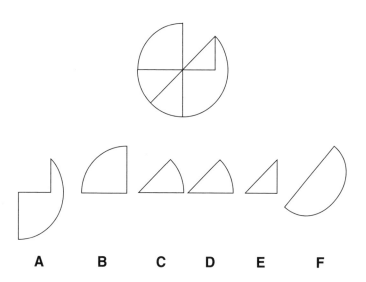

A　　**B**　　**C**　　**D**　　**E**　　**F**

답: 222쪽

각 문제의 보기 중에 물음표 자리에 들어갈 그림은 무엇일까?

PUZZLE 199

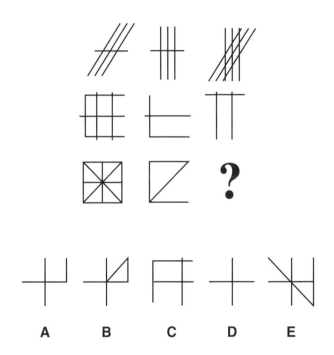

A   B   C   D   E

답: 222쪽

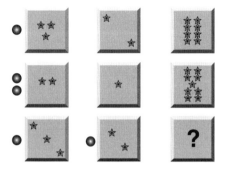

A **B** **C** **D** **E**

답: 222쪽

각 문제에서 왼쪽 그림의 모든 점을 한 번씩 연결했을 때 만들 수 없는 그림은 보기 중 무엇일까?

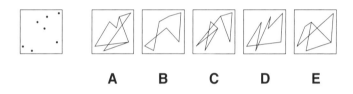

A   B   C   D   E

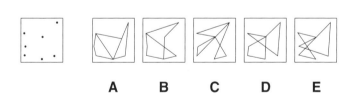

A   B   C   D   E

답: 222쪽

PUZZLE 203

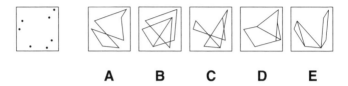

A   B   C   D   E

PUZZLE 204

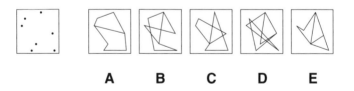

A   B   C   D   E

답: 223쪽

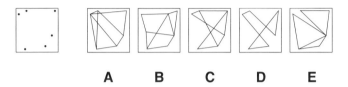

A   B   C   D   E

답: 223쪽

PUZZLE

해답   수리   논리   기하   대수

【 수리 】

PUZZLE 001

① 참가자 2
② 참가자 3
③ 참가자 6
④ 참가자 3
⑤ 참가자 1, 5
⑥ 참가자 1, 4, 6
⑦ 21점
⑧ 46점

PUZZLE 002

① 50마리
② 20마리
③ 1,280마리
④ 1,170마리

PUZZLE 003

각 기호가 의미하는 숫자는 아래 그림과 같다.

☐ =3   △ =5   ◯ =2   ◯ =7   ● =4   ★ =1   ■ =6

① **66**

왼쪽부터 각 항의 수를 a_1, 바로 다음 항의 수를 a_2이라 하면,

a_1, a_2, a_3,···, a_n···에서 $a_n = (a_{n-1} + a_{n-2})$

25+41=66

② **154**

왼쪽부터 각 항의 수를 a_1, 바로 다음 항의 수를 a_2이라 하면,

a_1, a_2, a_3,···, a_n···에서 $a_n = (a_{n-1} + 3) \times 2$

$(74+3) \times 2 = 154$

③ **9, 20**

두 개의 수열이 합쳐졌다. 하나는 앞 숫자에 3, 4, 5···를 더해나가는 수열 (2, 5, 9, 14, 20)이고, 다른 하나는 앞 숫자에 2를 더해나가는 수열(3, 5, 7, 9)이다.

④ **51**

왼쪽부터 각 항의 수를 a_1, 바로 다음 항의 수를 a_2이라 하면,

a_1, a_2, a_3,···, a_n···에서 $a_n = (a_{n-1} \times 2) - 3$

$(27 \times 2) - 3 = 51$

⑤ **−49**

왼쪽부터 각 항의 수를 a_1, 바로 다음 항의 수를 a_2이라 하면,

a_1, a_2, a_3,···, a_n···에서 $a_n = (2a_{n-1} - 15)$

$(2 \times \text{-}17) - 15 = \text{-}34 - 15 = \text{-}49$

⑥ 70

왼쪽부터 각 항의 수를 a_1, 바로 다음 항의 수를 a_2이라 하면,

a_1, a_2, a_3,···, a_n···에서 a_1, $(2a_1-1^2)$, $(2a_2-2^2)$, $(2a_3-3^2)$, $(2a_4-4^2)$

$(2 \times 43)-4^2 = 2 \times 43 - 16 = 86 - 16 = 70$

⑦ 343

왼쪽부터 각 항의 수를 a_1, 바로 다음 항의 수를 a_2이라 하면,

a_1, a_2, a_3,···, a_n···에서 $a_n = (a_{n-1} \times a_{n-2}) \div 2$

$(49 \times 14) \div 2 = 343$

PUZZLE 005

2

$(A \times B)-(D \times E)=C$

PUZZLE 006

6

$(B \times C)+A=D \times E$

PUZZLE 007

5

첫째 줄(35463)−셋째 줄(61546)+둘째 줄(48597)=넷째 줄(22514)

PUZZLE 008

97

시침과 분침이 가리키는 숫자를 순서대로 읽은 다음 수식대로 계산하면 된다.

첫 번째 수식은 51+123=174

두 번째 수식은 911+82=993

그러므로 113−16=97

PUZZLE 009

36

분침이 가리키는 숫자에서 시침이 가리키는 숫자를 뺀 다음 수식대로 계산하면
된다.

첫 번째 수식은 (12−3)×(7−5)=18

두 번째 수식은 (6−2)×(8−1)=28

그러므로 (2−11)×(8−12)=36

PUZZLE 010

16

시계에 색칠한 면적은 위치에 따라 왼쪽 그림과 같은 값을
갖는다. 그러므로 색이 칠해진 면적에 해당하는 숫자를 더
하면,

(1+4+3)+(1+4+3)=8+8=16

PUZZLE **011**

216

시곗바늘이 가리키는 숫자를 더했을 때 주어진 숫자가 되도록 두 시곗바늘을
그리면 해답을 찾기 쉽다.

첫 번째 수식은 (12+6)+(6+3)=27

두 번째 수식은 (12+9)−(9+6)=6

그러므로 (3+9)×(12+6)=216

PUZZLE **012**

5		3
1		6

각 숫자에 해당하는 영어 단어에 포함된 철자의 개수만큼
시계 방향으로 이동하면 된다. 예를 들어 7(seven)은 철
자가 5개이므로 5칸 이동했다.

PUZZLE **013**

	21	
15		34
	22	

각 숫자에서 1을 뺀 값만큼 시계 방향으로 이동하면 된다.

PUZZLE 014

17		6
9		3

각 숫자에 1을 더한 값만큼 시계 방향으로 이동하면 된다.

PUZZLE 015

2

각 행에는 다음 규칙이 적용된다. 맨 위 첫 번째 행으로 예를 들면,
첫째 칸의 숫자(7534)에서 앞의 두 자리 숫자(75)−뒤의 두 자리 숫자(34)→
둘째 칸의 숫자(41),
같은 계산 방식으로, 둘째 칸의 숫자(41)에서 앞의 한 자리 숫자(4)−뒤의 한
자리 숫자(1)→셋째 칸의 숫자(3)
같은 방법으로 세 번째 행의 물음표에 들어갈 숫자를 구할 수 있다.

PUZZLE 016

280

각 행의 칸 사이에는 다음 규칙이 적용된다. 맨 위 첫 번째 행으로 예를 들면,
첫째 칸의 첫째 자리 숫자(3)×넷째 자리 숫자(9)→둘째 칸의 첫째(2), 넷째
자리 숫자(7)
첫째 칸의 둘째 자리 숫자(5)×셋째 자리 숫자(6)→둘째 칸의 둘째(3), 셋째
자리 숫자(0)

. . . .

175

이렇게 구한 둘째 칸의 숫자(2307)에서,

둘째 칸의 첫째 자리 숫자(2) × 넷째 자리 숫자(7) → 셋째 칸의 첫째(1), 셋째
자리 숫자(4)

둘째 칸의 둘째 자리 숫자(3) × 셋째 자리 숫자(0) → 셋째 칸의 둘째 자리 숫자
(0)

같은 방법으로 세 번째 행의 물음표에 들어갈 숫자를 구할 수 있다.

PUZZLE 017

28

각 행의 칸 사이에는 다음 규칙이 적용된다. 맨 위 첫 번째 행으로 예를 들면,

첫째 칸의 첫째 자리 숫자(6) × 둘째 자리 숫자(2) → 둘째 칸의 앞 두 자리 숫
자(12)

첫째 칸의 셋째 자리 숫자(2) × 넷째 자리 숫자(5) → 둘째 칸의 뒤 두 자리 숫
자(10)

이렇게 구한 둘째 칸의 숫자(1210)에서,

둘째 칸의 첫째 자리 숫자(1) × 둘째 자리 숫자(2) → 셋째 칸의 첫째 자리 숫자
(2)

둘째 칸의 셋째 자리 숫자(1) × 넷째 자리 숫자(0) → 셋째 칸의 둘째 자리 숫자
(0)

같은 방법으로 세 번째 행의 물음표에 들어갈 숫자를 구할 수 있다.

8	7	6	8	7	12	9	1
7	12	7	6	4	3	2	14
8	9	7	8	5	7	11	1
8	8	10	7	6	16	10	1
4	9	13	4	12	2	15	6
8	5	2	2	4	9	8	15
6	9	8	14	14	8	2	1
9	6	10	5	12	1	5	17

5	7	8	15	4	7	5	6
11	6	9	8	16	12	10	10
7	12	10	12	3	11	6	8
6	7	2	5	7	7	15	10
12	15	10	8	5	12	8	7
6	7	11	13	9	6	9	6
9	8	10	6	8	8	1	2
3	6	4	10	10	10	15	15

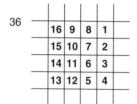

PUZZLE 020

40

4	5	12	13
3	6	11	14
2	7	10	15
1	8	9	16

PUZZLE 021

36

16	9	8	1
15	10	7	2
14	11	6	3
13	12	5	4

PUZZLE 022

41

모눈의 값은 퍼즐 21번의 도표와 같다.

PUZZLE 023

37

윗줄에 있는 양쪽 숫자의 합-아랫줄에 있는 양쪽 숫자의 합

PUZZLE 024

156
(윗줄 왼쪽 숫자×아랫줄 오른쪽 숫자)+(아랫줄 왼쪽 숫자×윗줄 오른쪽 숫자)

PUZZLE 025

54
(윗줄 왼쪽 숫자×아랫줄 왼쪽 숫자)-(윗줄 오른쪽 숫자×아랫줄 오른쪽 숫자)

PUZZLE 026

12
(아랫줄에 있는 양쪽 숫자의 곱)-(윗줄에 있는 양쪽 숫자의 합)

PUZZLE 027

68
(윗줄 왼쪽 숫자의 제곱-아랫줄 오른쪽 숫자)+(아랫줄 왼쪽 숫자의 제곱-윗줄 오른쪽 숫자)

PUZZLE 028

9

{(윗줄 왼쪽 숫자×윗줄 오른쪽 숫자)+아랫줄 왼쪽 숫자}÷아랫줄 오른쪽 숫자

PUZZLE 029

126

(윗줄 왼쪽 숫자+윗줄 오른쪽 숫자+아랫줄 왼쪽 숫자)−아랫줄 오른쪽 숫자

PUZZLE 030

960

(윗줄 왼쪽 숫자×윗줄 오른쪽 숫자×아랫줄 왼쪽 숫자)÷아랫줄 오른쪽 숫자

PUZZLE 031

51

(윗줄 왼쪽 숫자×아랫줄 오른쪽 숫자의 제곱)−(윗줄 오른쪽 숫자×아랫줄 왼쪽 숫자)

PUZZLE 032

114

(윗줄 왼쪽 숫자+윗줄 오른쪽 숫자+아랫줄 왼쪽 숫자)−아랫줄 오른쪽 숫자

PUZZLE 033

① $17 \rightarrow 19 \rightarrow 22 \rightarrow 24 \rightarrow 28 \rightarrow 20 = 130$

② $17 \rightarrow 19 \rightarrow 22 \rightarrow 28 \rightarrow 25 \rightarrow 20 = 131$

  $17 \rightarrow 23 \rightarrow 22 \rightarrow 24 \rightarrow 25 \rightarrow 20 = 131$

③ $17 \rightarrow 24 \rightarrow 26 \rightarrow 28 \rightarrow 25 \rightarrow 20 = 140$

④ $17 \rightarrow 19 \rightarrow 22 \rightarrow 24 \rightarrow 25 \rightarrow 20 = 127$

⑤ 2개

  $17 \rightarrow 24 \rightarrow 26 \rightarrow 24 \rightarrow 25 \rightarrow 20 = 136$

  $17 \rightarrow 23 \rightarrow 22 \rightarrow 26 \rightarrow 28 \rightarrow 20 = 136$

PUZZLE 034

① $35 \rightarrow 34 \rightarrow 34 \rightarrow 34 \rightarrow 35 \rightarrow 34 \rightarrow 10 = 216$

② $35 \rightarrow 32 \rightarrow 29 \rightarrow 28 \rightarrow 37 \rightarrow 33 \rightarrow 10 = 204$

  $5 \rightarrow 30 \rightarrow 29 \rightarrow 35 \rightarrow 32 \rightarrow 33 \rightarrow 10 = 204$

③ $35 \rightarrow 34 \rightarrow 34 \rightarrow 35 \rightarrow 37 \rightarrow 34 \rightarrow 10 = 219$

④ $35 \rightarrow 30 \rightarrow 29 \rightarrow 28 \rightarrow 37 \rightarrow 33 \rightarrow 10 = 202$

⑤ 4개

  $35 \rightarrow 32 \rightarrow 29 \rightarrow 35 \rightarrow 37 \rightarrow 33 \rightarrow 10 = 211$

  $35 \rightarrow 30 \rightarrow 34 \rightarrow 35 \rightarrow 32 \rightarrow 35 \rightarrow 10 = 211$

  $35 \rightarrow 33 \rightarrow 32 \rightarrow 34 \rightarrow 32 \rightarrow 35 \rightarrow 10 = 211$

  $35 \rightarrow 33 \rightarrow 32 \rightarrow 32 \rightarrow 35 \rightarrow 34 \rightarrow 10 = 211$

29

검은색=7, 흰색=3, 회색=9

25

검은색=4, 흰색=5, 회색=6

25

검은색=5, 흰색=2, 회색=8

45

검은색=3, 흰색=8, 회색=13

17

검은색=4, 흰색=7, 회색=2

PUZZLE 040

20

검은색=5, 흰색=3, 회색=4

PUZZLE 041

16

검은색=5, 흰색=2, 회색=2

PUZZLE 042

21

검은색=1, 흰색=6, 회색=7

PUZZLE 043

47

검은색=0.8, 흰색=12.8, 회색=7.8

PUZZLE 044

36

검은색=4, 흰색=3, 회색=8

PUZZLE 045

	A	B	C	D	E	F
1	28	28	32	26	16	8
2	32	●	52	46	⊤	16
3	36	44	□	64	42	34
4	26	⊤	56	70	□	40
5	16	16	34	48	●	36
6	4	4	22	32	28	28

① 26
② 36
③ 34
④ D4=70
⑤ 16
⑥ 4. A6, B6
⑦ ⊤=8, ●=20
⑧ A2, C1, D6

PUZZLE 046

	A	B	C	D	E	F
1	△	46	54	54	49	24
2	33	58	★	△	△	36
3	37	62	⊗	102	73	48
4	41	69	89	89	⊗	36
5	36	⊗	64	64	52	32
6	24	32	52	△	40	20

① △=16, ⊗=24, ★=10
② 102. D3
③ 89
④ 24. A6
⑤ 73
⑥ 2개. C5, D5

PUZZLE 047

35

왼쪽 상단의 숫자부터 시계 방향으로 각 항의 수를 a_1, 바로 다음 항의 수를 a_2 이라 하면, $a_1, a_2, a_3, \cdots, a_n \cdots$에서 $a_n = a_{n-1} + 3(n-1)$

PUZZLE 048

94

왼쪽 상단의 숫자부터 시계 방향으로 각 항의 수를 a_1, 바로 다음 항의 수를 a_2
이라 하면, a_1, a_2, a_3,…, a_n…에서 $a_n = 2a_{n-1} + 3(n-1)$

PUZZLE 049

1125

왼쪽 상단의 숫자부터 시계 방향으로 각 항의 수를 a_1, 바로 다음 항의 수를 a_2
이라 하면, a_1, a_2, a_3,…, a_n…에서 $a_n = a_{n-1} \times a_{n-2}$

PUZZLE 050

666

왼쪽 상단의 숫자부터 시계 방향으로 각 항의 수를 a_1, 바로 다음 항의 수를 a_2
이라 하면, a_1, a_2, a_3,…, a_n…에서 $a_n = (a_{n-1})^2 - 10$

PUZZLE 051

−23

왼쪽 상단의 숫자부터 시계 방향으로 각 항의 수를 a_1, 바로 다음 항의 수를 a_2
이라 하면, a_1, a_2, a_3,…, a_n…에서 $a_n = 2a_{n-1} - 9$

PUZZLE 052

104

왼쪽 상단의 숫자부터 시계 방향으로 각 항의 수를 a_1, 바로 다음 항의 수를 a_2 이라 하면, a_1, a_2, a_3, $\cdots$, $a_n \cdots$에서 a_n, $(3a_{n-1}-1)$, $(3a_{n-1}-2)$, $(3a_{n-1}-3)$, $(3a_{n-1}-4)$

PUZZLE 053

360

왼쪽 상단의 숫자부터 시계 방향으로 각 항의 수를 a_1, 바로 다음 항의 수를 a_2 이라 하면, a_1, a_2, a_3, $\cdots$, $a_n \cdots$에서 a_n, $(a_{n-1} \times 5)$, $(a_{n-1} \times 4)$, $(a_{n-1} \times 3)$, $(a_{n-1} \times 2)$

PUZZLE 054

9

왼쪽 상단의 숫자부터 시계 방향으로 각 항의 수를 a_1, 바로 다음 항의 수를 a_2 이라 하면, a_1, a_2, a_3, $\cdots$, $a_n \cdots$에서 a_n, $(3a_{n-1}+0^2)$, $(2a_{n-1}+1^2)$, $(a_{n-1}+2^2)$, $(0a_{n-1}+3^2)$

PUZZLE 055

−37

왼쪽 상단의 숫자부터 시계 방향으로 각 항의 수를 a_1, 바로 다음 항의 수를 a_2 이라 하면, a_1, a_2, a_3, $\cdots$, $a_n \cdots$에서 $a_n = 3a_{n-1}-7$

PUZZLE 056

−55

왼쪽 상단의 숫자부터 시계 방향으로 각 항의 수를 a_1, 바로 다음 항의 수를 a_2 이라 하면, a_1, a_2, a_3, $\cdots$, a_n $\cdots$에서 $a_n = 27 - 2a_{n-1}$

PUZZLE 057

78

왼쪽 상단의 숫자부터 시계 방향으로 각 항의 수를 a_1, 바로 다음 항의 수를 a_2 이라 하면, a_1, a_2, a_3, $\cdots$, a_n $\cdots$에서 a_n, $(2a_{n-1}-5)$, $(2a_{n-1}-10)$, $(2a_{n-1}-15)$, $(2a_{n-1}-20)$

PUZZLE 058

1280

왼쪽 상단의 숫자부터 시계 방향으로 각 항의 수를 a_1, 바로 다음 항의 수를 a_2 이라 하면, a_1, a_2, a_3, $\cdots$, a_n $\cdots$에서 a_n, $-1(a_{n-1}+1)$, $-2(2a_{n-1}+2)$, $-3(3a_{n-1}+3)$, $-4(4a_{n-1}+4)$

PUZZLE 059

841

왼쪽 상단의 숫자부터 시계 방향으로 각 항의 수를 a_1, 바로 다음 항의 수를 a_2 이라 하면, a_1, a_2, a_3, $\cdots$, a_n $\cdots$에서 a_n, $(7a_{n-1}-6)$, $(6a_{n-1}-5)$, $(5a_{n-1}-4)$, $(4a_{n-1}-3)$

58

왼쪽 상단의 숫자부터 시계 방향으로 각 항의 수를 a_1, 바로 다음 항의 수를 a_2
이라 하면, a_1, a_2, a_3, $\cdots$, a_n $\cdots$에서 $a_n = a_{n-1} + 11$

130

왼쪽 상단의 숫자부터 시계 방향으로 각 항의 수를 a_1, 바로 다음 항의 수를 a_2
이라 하면, a_1, a_2, a_3, $\cdots$, a_n $\cdots$에서 $a_n = 3a_{n-1} - 17$

33

왼쪽 상단의 숫자부터 시계 방향으로 각 항의 수를 a_1, 바로 다음 항의 수를 a_2
이라 하면, a_1, a_2, a_3, $\cdots$, a_n $\cdots$에서 a_n, $(a_{n-1}+4)$, $(a_{n-1}+6)$, $(a_{n-1}+8)$, $(a_{n-1}+10)$

223

왼쪽 상단의 숫자부터 시계 방향으로 각 항의 수를 a_1, 바로 다음 항의 수를 a_2
이라 하면, a_1, a_2, a_3, $\cdots$, a_n $\cdots$에서 a_n, $(3a_{n-1}-5)$, $(3a_{n-1}-4)$, $(3a_{n-1}-3)$,
$(3a_{n-1}-2)$

PUZZLE 064

−9

왼쪽 상단의 숫자부터 시계 방향으로 각 항의 수를 a_1, 바로 다음 항의 수를 a_2
이라 하면, a_1, a_2, a_3, $\cdots$, $a_n \cdots$에서 $a_n = 2a_{n-1} - 7$

PUZZLE 065

116

왼쪽 상단의 숫자부터 시계 방향으로 각 항의 수를 a_1, 바로 다음 항의 수를 a_2
이라 하면, a_1, a_2, a_3, $\cdots$, $a_n \cdots$에서 $a_n = a_{n-1}{}^2 - 5$

PUZZLE 066

$-5\dfrac{5}{8}$

왼쪽 상단의 숫자부터 시계 방향으로 각 항의 수를 a_1, 바로 다음 항의 수를 a_2
이라 하면, a_1, a_2, a_3, $\cdots$, $a_n \cdots$에서 a_n, $(a_{n-1}-2) \div 2$, $(a_{n-1}-4) \div 2$, $(a_{n-1}-6) \div 2$,
$(a_{n-1}-8) \div 2$

PUZZLE 067

120

물음표 왼쪽 세 숫자의 합 × 물음표 오른쪽 세 숫자의 합

−18

물음표 왼쪽 세 숫자의 곱−물음표 오른쪽 세 숫자의 곱

10

(물음표 왼쪽 도형에서 바깥쪽 두 숫자의 곱−물음표 왼쪽 도형에서 안쪽 숫자)−(물음표 오른쪽 도형에서 바깥쪽 두 숫자의 곱−물음표 오른쪽 도형에서 안쪽 숫자)

$\{(8 \times 7)-30\}-\{(9 \times 4)-20\}$

360

물음표 왼쪽 두 숫자의 곱×물음표 오른쪽 두 숫자의 곱

82

(물음표 왼쪽 아래의 숫자×물음표 오른쪽 위의 숫자)+물음표 왼쪽 위의 숫자+물음표 오른쪽 아래의 숫자

PUZZLE 072

100

(물음표 왼쪽 아래의 숫자×물음표 오른쪽 아래의 숫자)+물음표 왼쪽 위의
숫자+물음표 오른쪽 위의 숫자

PUZZLE 073

① A6, C5, G6

② D2

③ 12개

④ 117

　이 값을 갖는 교차점은 총 3개다.

⑤ G1

　G1의 값은 91로 가장 작다.

⑥ E4

⑦ 없음

⑧ 없음

PUZZLE 074

175

두 창문에 적힌 숫자의 합×대문에 적힌 숫자

PUZZLE 075

42

(왼쪽 창문의 숫자 × 오른쪽 창문의 숫자) − 대문의 숫자

PUZZLE 076

71

(왼쪽 창문의 숫자 × 대문의 숫자) + 오른쪽 창문의 숫자

PUZZLE 077

60

(오른쪽 창문의 숫자 − 대문의 숫자) × 왼쪽 창문의 숫자

PUZZLE 078

93

오른쪽 창문의 숫자의 제곱 − 왼쪽 창문의 숫자의 제곱 − 대문의 숫자

PUZZLE 079

153

대문의 숫자의 제곱 − (왼쪽 창문의 숫자 + 오른쪽 창문의 숫자)

PUZZLE 080

48

PUZZLE 081

64

PUZZLE 082

8

PUZZLE 083

32

PUZZLE 084

16

PUZZLE 085

2,5

PUZZLE 086

9

PUZZLE 087

10

PUZZLE 088

0.3

PUZZLE 089

7

PUZZLE 090

계산기에 찍힌 숫자 0.37을 거꾸로 뒤집어서 보면 LEO(사수자리)가 된다.

PUZZLE 091

1과 7

PUZZLE 092

0개. 상자는 이미 가득 차 있다.

PUZZLE 093

301

PUZZLE 094

41312432와 23421314

PUZZLE 095

남자는 일곱 번 이기고 한 번 졌다.

PUZZLE 096

2

PUZZLE 097

3

마주 보는 부채꼴 한 쌍에 적힌 숫자의 합은 30이다.

PUZZLE 098

25

$(a \times b) - c = d$

PUZZLE 099

18

부채꼴 바깥쪽 두 숫자의 합=마주 보는 부채꼴 안쪽의 숫자

PUZZLE 100

앨런은 14달러, 브랜다는 8.50달러

PUZZLE 101

1센트, 5센트, 50센트, 1달러 동전 각각 13개

PUZZLE 102

207

PUZZLE 103

Ⓐ 1,176개

Ⓑ 168개

Ⓒ 8개

PUZZLE 104

전화번호부에는 이미 등재된 번호만 있으므로 등재되지 않은 집에 전화를 걸
수는 없다.

PUZZLE 105

39.6

$4-2\div5+4\times9=39.6$

PUZZLE 106

26.6

$4\div5+6-3\times7=26.6$

PUZZLE 107

5

(10, 20, 20), (10, 15, 25), (5, 20, 25), (0, 25, 25), (15, 15, 20)

PUZZLE 108

27분

PUZZLE 109

60851

맨 위 줄의 다섯 자리 숫자+맨 아래 줄의 다섯 자리 숫자+오른쪽 알파벳이
뜻하는 세 자리 숫자(각각의 알파벳은 순서에 따라 숫자 값을 갖는다) 순서에
해당하는 숫자=가운데 줄의 다섯 자리 숫자

40335+19781+735=60851

【 논리 】

PUZZLE 110

① 14

② 7

③ 2

(숫자 1, 6, 7, 9, 11, 12로 구성된 육각형과 1, 4, 6, 10, 11, 12로 구성된
육각형)

④ 18

PUZZLE 111

상품 매대 순서는 다음과 같다. 입구를 기준으로 1번 매대는 과일, 2번 통조
림, 3번 세제, 4번 주류, 5번 육류, 6번 빵.

① 빵
② 네 번째
③ 과일
④ 두 번째

PUZZLE 112

전시된 자동차의 순서는 다음과 같다. 흰색, 파란색, 노란색, 은색, 빨간색, 검은색, 녹색, 보라색.

① 빨간색 차
② 은색 차
③ 녹색 차
④ 노란색 차

PUZZLE 113

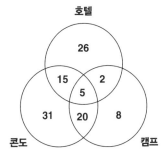

① 26명
② 15명
③ 36명
④ 37명

PUZZLE 114

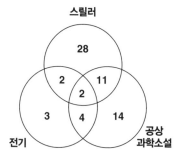

① 11명

② 17명

③ 2명

④ 28명

PUZZLE 115

1=F, 2=B, 3=D, 4=A, 5=E, 6=C

① F

② B

③ E

④ F

⑤ C

PUZZLE 116

① 네 번

② 26일

③ 15일

④ 목요일

⑤ 화요일

PUZZLE 117

캐리는 줄무늬 재킷에 민무늬 셔츠와 점무늬 수건을 가지고 있다. 폴은 점무늬 재킷에 줄무늬 셔츠와 민무늬 수건을, 샌드라는 민무늬 재킷에 점무늬 셔츠와 줄무늬 수건을 가지고 있다.

① 폴

② 줄무늬

③ 폴

④ 줄무늬

⑤ 민무늬

PUZZLE 118

조안나는 고양이 연필과 토끼 크레파스, 코끼리 필통을 가지고 있다. 리처드는 토끼 연필에 코끼리 크레파스, 고양이 필통을 갖고 있고 토마스는 코끼리 연필에 고양이 크레파스, 토끼 필통을 가지고 있다.

① 조안나

② 코끼리

③ 토마스

④ 토끼

⑤ 조안나

28

$(n \times 3) + 1$

6

$(n - 5) \times 2$

11

$(n \times 2) + 7$

22

$(n \times 2) - 2$

13

$(n \div 2) + 6$

PUZZLE 124

17

$(n-7) \div 2$

PUZZLE 125

20

$(n-4) \times 2$

PUZZLE 126

20

(n의 제곱)+4

PUZZLE 127

8

(n의 제곱근)+3

PUZZLE 128

4

(n의 제곱)−5

PUZZLE 129

80

$(n+8) \times 5$

PUZZLE 130

36

$(n-11) \times 4$

PUZZLE 131

62

$(n \times 6)+8$

PUZZLE 132

71

$(n \times 4)-13$

PUZZLE 133

13

$(n \div 4)+3$

PUZZLE 134

19

$(n \div 5) - 3$

PUZZLE 135

36

$(n - 13) \times 6$

PUZZLE 136

162

$(n + 3) \times 9$

PUZZLE 137

361

$(n + 2)$의 제곱

PUZZLE 138

6

$(n - 4)$의 제곱근

PUZZLE 139

① 6
② 6
③ 5
④ 14

PUZZLE 140

① A
② C
③ B
④ C
⑤ C

PUZZLE 141

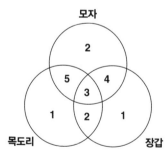

① 3명
② 1명
③ 1명
④ 4명
⑤ 10명
⑥ 18명

PUZZLE 142

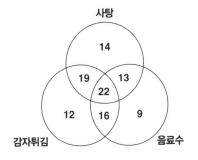

① 22명

② 19명

③ 16명

④ 105명

⑤ 36명

⑥ 14명

PUZZLE 143

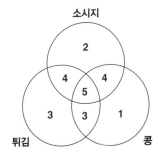

① 5명

② 2명

③ 9명

④ 7명

⑤ 3명

⑥ 4명

PUZZLE 144

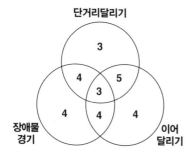

① 27명

② 4명

③ 12명

④ 12명

⑤ 4명

⑥ 13명

PUZZLE 145

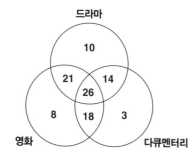

① 21명

② 10명

③ 18명

④ 8명

⑤ 53명

⑥ 21명

PUZZLE 146

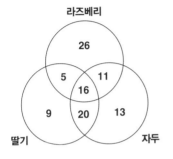

① 58명

② 16명

③ 26명

④ 20명

⑤ 9명

⑥ 36명

PUZZLE 147

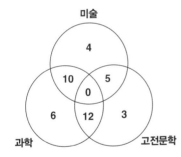

① 12명

② 12명

③ 27명

④ 13명

⑤ 20명

⑥ 4명

PUZZLE 148

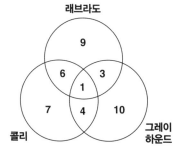

① 9마리

② 7마리

③ 10마리

④ 3마리

⑤ 4마리

⑥ 21마리

【 기억력 】

PUZZLE 149

① 올드 스톤 저택

② 후키 시

③ 우스터셔 주

④ 2층

⑤ 외곽 지역

⑥ 엘리자베스 양식

⑦ 있다.

⑧ 235만 파운드

⑨ 아니오.

⑩ 4개

⑪ 침실

⑫ 없다.

⑬ 4개

⑭ A454 거리와 B2314 거리

⑮ 딘 강

⑯ 이중창

⑰ 아니오.

⑱ 삼림지

⑲ 예.

⑳ 1개

① 4종류
② 6종류
③ 4종류
④ 과일
⑤ 가로
⑥ DOG(개)
⑦ 없다.
⑧ 둘 다 똑같다.
⑨ MOUSE(쥐)
⑩ 아니오.

⑪ RADISH(무)
⑫ AUBERGINE(가지)
⑬ 5개
⑭ 2개
⑮ COW(소)
⑯ 가로 2번
⑰ 가로 7번
⑱ 없다.
⑲ LAMB(양)
⑳ 14개

① 11대
② 6시 30분
③ 아일랜드
④ 2대
⑤ 올림픽
⑥ 중국
⑦ 12시 45분
⑧ 플로리다
⑨ 시드니행 비행기는 없다.
⑩ KLM

⑪ 인도
⑫ 1대
⑬ 2개
⑭ 13시 45분
⑮ 10시 25분 발 항공편은 없다.
⑯ 없다.
⑰ 6시 45분
⑱ 10시 비행기
⑲ 예.
⑳ 아니오.

① 성 마리아 주차장
② 4종류
③ 4줄
④ 22개
⑤ 7개
⑥ 6개
⑦ 없다.
⑧ 16대
⑨ 4대
⑩ 없다.
⑪ 빨간색 코르사

⑫ 흰색 피에스타
⑬ 2대
⑭ 11시간
⑮ 오후 6시 30분
⑯ 14종류
⑰ 검은색
⑱ 파란색, 녹색
⑲ 3번째 줄
⑳ 빨간색
㉑ 2.30달러

① 윗길
② 중앙로
③ 윗길
④ 3채
⑤ 있다.
⑥ 밀 농장
⑦ 5km^2
⑧ 1채
⑨ 성 에디스 학교
⑩ 3채

⑪ 참나무 술집
⑫ 5채
⑬ 있다.
⑭ 교회길
⑮ 오른쪽
⑯ 아랫길 또는 학교길
⑰ 8개
⑱ 3개
⑲ 아랫길
⑳ 시장 윗길

① 롱포드홀 가
② 18개
③ 4개
④ 4개
⑤ 듀크스 부부
⑥ 필드 씨
⑦ 예.
⑧ 아니오.
⑨ 밀러 씨
⑩ 아무도 없다.

⑪ 예.
⑫ 피어스 양
⑬ 호지 부인
⑭ 아니오.
⑮ 아무도 없다.
⑯ 19호
⑰ 3개
⑱ 28호
⑲ 43호
⑳ 예.

① 1, 2, 3, 4, 5, 6
② A, B, C, D, E, F
③ Z
④ $
⑤ ¶, %, =, %, &, %
⑥ $
⑦ 6개
⑧ 4
⑨ 3개
⑩ 3개(Ó, Z, Q)

⑪ $, $, Ó, 3, Q, ¶
⑫ F행
⑬ C행
⑭ 1개
⑮ 3
⑯ Q
⑰ 3개
⑱ Q
⑲ %
⑳ 3개

【 패턴 】

PUZZLE 156

C

나머지는 모두 같은 모양을 회전한 그림이다.

PUZZLE 157

D

A와 E, B와 C는 서로 흑백이 반전된 그림이다.

PUZZLE 158

C

나머지는 로마숫자를 회전하거나 반전한 그림이다.

PUZZLE 159

D

나머지는 모두 같은 모양을 회전한 그림이다.

PUZZLE 160

E

나머지는 모두 같은 모양을 회전한 그림이다.

PUZZLE 161

A

나머지는 모두 같은 모양을 회전한 그림이다.

PUZZLE 162

B

A와 D, C와 E는 서로 반전된 그림이다.

PUZZLE 163

E

나머지는 모두 3개의 선분으로 이루어졌다.

PUZZLE 164

D

나머지 그림은 중심으로 향하는 나선의 방향이 시계 방향이다.

PUZZLE 165

E

A는 B에 선분 1개를 추가했고, D는 C에 선분 1개를 추가한 모양이다.

PUZZLE 166

A

보기에 주어진 그림과 상하 거울 대칭을 이루면서 색이 반전된 그림을 찾는다.

PUZZLE 167

A

한 단계씩 이동할 때마다 표에 적힌 숫자가 각 숫자만큼 시계 방향으로 칸을 이동한다.

PUZZLE 168

E

단계마다 시계 방향으로 한 칸씩 회전한다.

PUZZLE 169

B

사각형 안의 도형이 차례로 회전한 작은 정사각형은 회전할 때마다 색깔이 바뀐다.

PUZZLE 170

A

그림을 이루는 세 곡선은 단계마다 서로 다른 규칙에 따라 움직이거나 변한다.

바깥쪽 곡선은 시계 방향으로 길어진 후 위치를 바꾸고 원래 길이로 돌아간다.
가운데 곡선은 시계 방향으로 90도씩 움직인다. 맨 안쪽 곡선은 180도씩 움직
인다.

(PUZZLE 171)

B
제시된 그림은 모두 3개의 선분으로 이루어져 있다.

(PUZZLE 172)

C
단계마다 수평에 가깝게 놓인 선분 중 하나가 수직으로 교차하는 선분 옆으로
자리를 이동한다. 또한 그림의 각도도 변한다.

(PUZZLE 173)

D
단계마다 원이 붙은 굵은 선분은 시계 방향으로 45도씩 이동하고, 가는 선분
은 시계 방향으로 90도씩 이동한다.

(PUZZLE 174)

D
단계마다 큰 원의 왼쪽에 있는 작은 원은 수평으로 오른쪽으로, 다른 작은 원
은 수직 위로 조금씩 이동한다.

PUZZLE 175

A

원의 테두리에 있는 도형들이 각각 일정한 규칙으로 시계 방향으로 이동한다.

PUZZLE 176

D

색이 반전된 그림을 찾는다.

PUZZLE 177

A

그림이 반시계 방향으로 90도 회전한 다음 선분 한끝에 있던 공은 반대 끝으로 옮겨 가고, 비어 있던 선분 양끝에는 공이 생긴다.

PUZZLE 178

C

각각의 곡선이 일정 각도씩 회전한다.

PUZZLE 179

D

첫 번째 숫자는 알파벳 순서에 따른 숫자(그러므로 A=1)이고, 두 번째 숫자는 알파벳의 획수이다. 숫자의 의미와 알파벳이 일치하는 보기를 찾는다.

· ·

PUZZLE 180

A

사각형은 원으로 바뀌고 삼각형은 사각형으로 바뀌며 원은 삼각형으로 바뀐다.

PUZZLE 181

D

PUZZLE 182

B

PUZZLE 183

C

PUZZLE 184

A

PUZZLE 185

A

PUZZLE 186

D

PUZZLE 187

B

PUZZLE 188

B

PUZZLE 189

E

PUZZLE 190

C

PUZZLE 191

C

PUZZLE 192

F

PUZZLE 193

E

PUZZLE 194

A

PUZZLE 195

F

PUZZLE 196

E

PUZZLE 197

G

PUZZLE 198

F

PUZZLE 199

E

왼쪽의 두 그림을 합쳤을 때 중복되는 선을 지우면 된다.

PUZZLE 200

E

행마다 왼쪽의 두 그림이 의미하는 별의 개수를 더하면 맨 오른쪽 그림에 들어갈 별의 개수를 구할 수 있다. 사각형 왼쪽에 붙는 원은 (사각형 안에 있는 별의 개수 × 2)를 뜻한다. 원이 2개인 경우, (사각형 안에 있는 별의 개수 × 2) × 2를 뜻하며, 원이 없으면 사각형 안에 있는 별의 개수만 센다.

PUZZLE 201

E

PUZZLE 202

A

PUZZLE 203

D

PUZZLE 204

E

PUZZLE 205

B

멘사코리아

주소: 서울시 서초구 언남9길 7-11, 5층(제마트빌딩)
전화: 02-6341-3177
—

멘사 수학 퍼즐 디스커버리
IQ 148을 위한

1판 1쇄 펴낸 날 2016년 6월 10일
1판 2쇄 펴낸 날 2018년 2월 10일

지은이 | 데이브 채턴, 캐롤린 스키트
옮긴이 | 권태은

펴낸이 | 박윤태
펴낸곳 | 보누스
등　록 | 2001년 8월 17일 제313-2002-179호
주　소 | 서울시 마포구 동교로12안길 31(서교동 481-13)
전　화 | 02-333-3114
팩　스 | 02-3143-3254
E-mail | bonusbook@naver.com

ISBN 978-89-6494-259-8　04410